告発

日本で原発を再稼働してはいけない三つの理由

蓮池 透
Hasuike Toru

JN202744

ビジネス社

はじめに

エンジニアとしての矜持から

私は、拙著『私が愛した東京電力』（かもがわ出版　二〇一一年）で、「事故の起きたいまこそ、冷静になり、推進派、反対派の垣根を超えて、今後のわが国の原発政策・エネルギー政策を原点に戻り議論していくときではないでしょうか」と記したが、今は違う。決して感情的でも、ポピュリズムを煽《あお》るわけでも、またイデオロギー的でもなく、理性的に考えれば原発の再稼働はあり得ないことだ。

とりわけ、福島第一原発事故の当事者である東京電力は、柏崎刈羽原発六、七号機の再稼働を目論《もくろ》んでいるが、同社にその資格はない。その詳細は本文で述べるとして、ここではポイントだけ触れておきたい。

まず、福島第一原発の廃炉を中心とする事故処理について、実現の先がまったく見通せない状況にあることだ。二〇一七年七月、原子力規制委員会は、東京電力の新経営陣、すなわち川村隆会長と小早川智明社長らを呼び、原発の安全に対する姿勢をただした。その結果、原子力規制委員会は「福島第一原発の廃炉を主体的にやり切る覚悟と実績が示せない事業者に柏崎刈羽を運転する資格はない」と言い切った。また、田中俊一委員長（当時）は「東京電力は福島県民と向き合っていない」と厳しく批判した。会合の詳細は明らかにされていないが、汚染水の処理や燃料デブリの処理方法について、小早川社長が「国の検討を注視している」と消極的な発言をしたことから、「廃炉の責任は東京電力にあるのに主体性が見えない。危機感を持っている」と田中委員長が批判した。このとおり、新経営陣には真剣味がうかがえなかったものと推測する。その他、新経営陣の態度から、おそらく「目は口ほどに物を言う」だったのだろう。

ところが、同年一二月二七日、原子力規制委員会（更田豊志委員長）はついに柏崎刈羽原発六、七号機が規制基準に適合するとの判断を下した。東京電力は「経済性よりも安全性を追求する」と保安規定に明記するのだという。「適格性」の担保だと言うが、そのようなことは基本中の基本であり、わざわざ保安規定に書くようなことではない。小学生が黒板に掲げる「目標」ではあるまいし、耳を疑った。

また、福島第一原発事故の賠償や廃炉などにかかる費用は現時点で総額約二一兆円（この金額は二倍、三倍になるとするシンクタンクもある）。このうち東京電力の負担額は約一六兆円であり、大部分は「原子力損害賠償・廃炉等支援機構」からの資金交付（事実上の貸し付け、上限一三・五兆円）に頼ることになる。同機構から東京電力に貸し付けされた資金はすでに八兆円を超えているが、東京電力はその借金を三〇年以上にわたって年間五〇〇〇億円を返済していくのだという。このため、柏崎刈羽原発六、七号機の再稼働を柱に、他電力エリアへの営業範囲の拡大などを推進し、「稼ぐこと」が大命題の企業に変身していく構えだ。本来求められる公益性などは忘れ去られ、あまりにも「金儲け」に前のめりになっている印象がある。

私の実家は、同原発からわずか約三キロメートルと近距離に位置しており、決して他人事として捉えることはできない。東京電力OBとして、現役時代ずっと原発安全神話の布教活動をしてきたことに良心の呵責《かしゃく》はあるが、実際に携わった者でなければわからないのも事実である。

本書では、原発の新・増設が論外なのは当然のこと、ましてや再稼働などまかりならない根拠を、まず一般論として、続いて柏崎刈羽原発六、七号機に特化して赤裸々に綴っていきたい。

本文でも触れていくが、私は東京電力時代に長い間、福島第一原発の管理に携わった。エンジニアとしての誇りが私にはある。それが本書を書かせる原動力となった。だから多少、技術面の記述が多くなってしまったが、結論を信じていただきたいと願って書いたものである。技術的な部分は無理に理解しようとせず、話の流れを追っていただければと思う。

拉致問題と東京電力

もう一つ、触れておきたいのは、やはり拉致問題との関わりだ。

弟（蓮池薫）は、私が東京電力に入社して二年目の一九七八年七月に失踪し、後に北朝鮮に拉致されていたことが判明した。一九八七年一一月、北朝鮮の工作員金賢姫らによる大韓航空機爆破事件が発生して以降、新潟県警の刑事が本店に勤務していた私を訪ねて来るようになった。数回程度だったが、一方的な失踪当時の状況聴取やその他の情報収集で、捜査状況の説明などはなかった。私は従来から繰り返し述べているが、拉致問題に関して警察から情報提供を受けたことなど、いまだかつて一度もない。

一九九七年三月の「家族会」（北朝鮮による拉致被害者家族連絡会）結成以来、主に週末を利用し活動していた。しかし、北朝鮮による拉致が明らかになり、弟たちが帰国した二〇〇二年以降はそうはいかなくなった。そのころ、私は日本原燃に出向しており、東京の事務所に勤務していた。有給休暇をとりマスコミ対応やいろいろな活動をするようになった。たまたま、東京事務所の所長である日本原燃副社長が東京電力出身であったため、「大変だろうから、朝会社に顔を出せば、出勤扱いにしてやる」と配慮を示してくれた。だが、そんな特別扱いは避けたかったので、すべて有給休暇扱いにした。年間の規定日数を超え、次年度の有給休暇を前借りする状況になった。日本原燃で私の所属する部署は、四〇名程度の小さな組織であったため、非常に協力的だった。社員にカンパを呼びかけてくれたり、テレビでの発言や新聞記事について批評してくれた。

活動が長期化するにつれて、私を面白く思わない社員が出てきたことは否めないが、総じて理解があった。母体である東京電力は、とりあえず「何でもできることはするから、遠慮なく言ってくれ」とは伝えてきたものの、取り立てて協力してもらった記憶はない。

日本原燃への出向も長期化したため、異動の噂が聞こえてきた。結局、本店の原子燃料サイクル部への辞令が出たが、役職はない。つまり、ラインの仕事ではなくスタッフということで、早く言えば窓際である。もらった名刺には「原子燃料サイクル部部長」とあった。しかし、職責・待遇は課長クラスであった。この部長というのが外部の人たちに誤解を与えるのだ。実際の部長は存在する。「原子燃料サイクル部長」だ。「部」が二つあるということは、単なるスタッフであることを意味するもので、部長代理でも副部長でもない。

本店では、拉致という言葉を発する人は誰もいなかった。テレビに出ようが、新聞記事に載ろうが、まったく知らないふりをされた。日本原燃とは、天と地の差があった。部長（同期だが、大学院卒であるので2年年上）にも「蓮池はいろいろ大変だから、柔軟にやってよい」と告げられた。本当にやりにくかった。たとえば、エレベーターで多くの社員と乗り合わせた場合、私は誰もどこの部署か知らないのに、みんなは私のことを知っている。にもかかわらず、話しかけられることはまったくなかった。唯一、社員食堂のおばさんに声をかけられたことがあるくらいだ。東京電力内で私は、違う意味で「出る杭」になってしまったのかもしれない。

中小企業であれば、なぜか有名になってしまった私を広告塔として活用するかもしれないが、東京電力でその必要はない。一年で有給休暇を四〇日以上消化する社員は異常であり、組合員なら称賛されるだろうが、最低ラインだが一応管理職であったので、取り扱いに困る社員だったのだろう。

原発反対の旗を掲げ続ける

その後は昇給もなく、むしろ多少下がる状態が続き、いよいよ「年下の上司」が出現する事態になった。年功序列の制度など昔のことなのだろうが、私としては耐えられなかった。そこで、二〇〇九年六月をもって、五五歳で早期退職した。早期定年退職選択という制度があり、ちょうど二〇〇九年度で終了することもあった。選択することで、多少の退職金の上乗せがあるが、退職後は一切東京電力関係の仕事には従事しない。もし、従事した場合、上乗せ分は返却するとの誓約書を書かされた。

つまり、東京電力と完全に縁を切れということである。逆に、そのほうがありがたいとも考えた。もともと安い退職金のほとんどは、マンションのローンの支払いに消えてしまった。家族にも相談せず私の独断で退職したことから、その後の家庭環境はやはりギスギスしたものとなった。

今私は、東京電力に批判的な発言をしているので、元同僚たちに電話をしても、誰一人として応答しない。また、弟は「『東京電力に冷遇された』と逆恨みして、原発反対と声高に主張するのはおかしい」と指摘する。しかし、そんなことはない。私は、これでも原子力エンジニアの端くれとして冷静に考えたうえで、原発は不要だと判断しているのである。

本書を上梓すれば、また私への世間の風当たりが強くなるかもしれない。もとより覚悟のうえである。東京電力OBの一人として、内情をよく知る者の一人として、今後も原発反対の旗を掲げていくつもりである。

二〇一八年八月吉日

蓮池透

目次

第3章 柏崎刈羽原子力発電所 六、七号機の再稼動は論外

第1章

告発
——東京電力で働いた三〇余年の体験から

東京電力入社、福島第一原発へ配属

東電には入りたくなかったのだが

まずは、私がなぜ東京電力に入社することになったのか、経緯に少し触れておきたい。

高校卒業後の一九七三年、東京理科大学へ進んだが、もちろんそのころは柏崎刈羽原発のことなど、まるで頭の中にはなかった。故郷の幼馴染《おさなな じ》みは、一生懸命反対運動をしていたが、私は見て見ぬふりをしていた。大学での勉強と都会での生活の大変さに、それどころではなかったのだ。

それが、四年後、柏崎刈羽原発問題が再びわが身に降りかかってくるとは夢にも思わなかった。

私の学生時代、就職活動は四年生の一〇月一日解禁だったと記憶している。求人は驚くほど少なく、氷河期といわれた。音楽、それもロック、ソウル、R&B、レゲエなど洋楽を聴くのが大好きだった私は、就職するのならそれに関係する会社に行きたいと、何となく考えていた。駄目なら就職浪人するつもりだった。あまり真剣ではなく、就職ということに現実感を覚えなかった。しかし、いざ就職活動が始まると少しは本気にならざるを得なかった。とりあえずレコード会社のディレクターでも宣伝でも構わないから、受けてみよう。

現在のように早くから志望企業にエントリーシートを何通も出すことはない時代であった。当時のCBSソニー、ワーナーパイオニア、東芝EMIといった主要な洋楽を扱うレコード会社へ応募し、受験した。採用者数名のところに一〇〇〇人以上が押しかける超難関だった。それも採用者は、最初から縁故《えんこ》関係で決まっているとも聞いていた。

CBSソニーの面接のとき、私はスーツ姿で臨んだのだが、なんと面接官は口ひげを蓄えたGジャンのお兄さんだった。そしてぶっきらぼうにこう尋ねてきた。

「ボブ・ディランのレコードの売り上げを伸ばすにはどうしたらいい？」

「やはり日本に招聘《しょうへい》し、コンサートをしてもらうことではないですか」

と無難な回答をしたが、当然ながら採用されることはなかった。他社も同様な結果で全滅だったため、自分では就職浪人を決めこんだ。

その前後に、父から「東京電力を受けてみないか」と連絡があった。寝耳に水だ。どうも父は、地元の東京電力社員と相談し、就職を画策していたらしい。もちろん、就職浪人などはもっての外と告げてきた。私は長男であり、東京電力へ入社すれば、いずれ地元の柏崎刈羽原発で働けるとの期待もあったのだろう。

あまりにも強い父の熱意にほだされ、またどこの会社にも内定していない後ろめたさもあり、とりあえず帰郷した。祖母が懇意にしている東京電力社員（祖母が参加していた東京電力主催の「電気教室」の先生）に挨拶し、説明を聞いた。こうして、まったく本意ではない東京電力の入社試験を受けてみることになったのである。

さらに、祖父の伝手《つて》で、柏崎刈羽原発誘致の最大の尽力者である、当時の小林治助柏崎市長宅を訪ね、事情を説明したうえで推薦状を書いてもらい願書に添付した。私は特段気にすることはなかったが、今考えれば、父は「この推薦状があれば鬼に金棒だ」と思ったに違いない。

いよいよ入社試験の日がやってきた。筆記試験の問題は非常に難しく、結果は満足のいくものではなかった。面接では、志望動機を訊かれ、

「幼いころから停電の時に駆け付けてくれる電力会社（東北電力だが）の社員の姿が頼もしく、自分も大人になったら困っている人を助ける電力マンになりたいと思っていました」

と殊勝な作り話で応じた。

一通りの試験を終えて、私は当然ながら「これはだめだな」という感触を持ち、父には申し訳ないが、むしろ好きでもない会社に入らずに済むことに安堵していた。

そして数週間後、住んでいるアパートの電話が鳴った。東京電力の人事課からだった。

「入社が内定しました」

一瞬耳を疑った。嬉しいという感情より、驚きと困惑が先に立った。なぜ合格したのか。地

元だからか、小林市長の推薦が奏功したのか、そんなことばかりが頭をよぎった。しかし、このまま望みもしない会社で働き始めるのか、内定を辞退して就職浪人となり次年度に賭けるのかという選択肢は、もはや私には残されていなかった。無論、葛藤《かっとう》の余地などない。

かくして、一九七七年四月、家族や大学関係者の祝福を受けながらも、私は何の感慨もないまま東京電力へ入社することになったのである。

福島第一原発への辞令

入社して驚いたのは、東京大学、東京工業大学、早稲田大学、慶応義塾大学など一流大学の出身者がほとんどだったことだ。その錚々《そうそう》たる面々に対して、私が好みとする発想ではないものの、出身校の「格」に劣等感を抱いたのは間違いない。私の東京理科大学の同窓生を探してみると、なんとわずか一名の先輩がいるのみではないか。ますます不安になった。「本当に自分みたいな者がこの会社でやっていけるのだろうか？」と。

二週間の研修の後、形成的だったのだろうが配属先の希望を出すことができた。私は、都内あるいはその近郊で勤務したかったので、配電か火力発電所を希望した。しかし、もらった辞令には「勤務地福島第一原発」と記されていた。「まあ、本店採用ではなく柏崎刈羽原発の地元採用みたいなものだからしょうがない」と思ったが、福島第一原発がどこにあるのかさえ知らず、茨城県東海村のあたりだと考えていた。

ところが、常磐線の富岡駅で下車するのだという。当時、特急列車の本数は極端に少なく、それも途中の平駅（現在のいわき駅）止まりだった。そこで特急ではなく、急行列車に揺られて富岡駅にたどり着いたのだが、なんと上野駅から五時間以上を要した。おまけに駅前は真っ暗闇で、自分がどこにいるのかさえ分からなくなってしまう感覚にとらわれた。「とんでもない所へきてしまった」。それが第一印象だった。

大学卒の新入社員は、事務系、技術系合わせて二〇〇人程度と記憶しているが、そのうち原発配属は福島第一原発九名、福島第二原発九名の計一八名だった。私は、電気工学科出身で専攻は電磁波（マイクロ波）工学だったが、原発は、原子力工学はもちろんのこと電気、機械、化学、土木建築、金属など様々な技術が結集された総合的な工学で成り立っていることから、従事するにあたって特に専攻を問われることはないのである。

入社して東京電力の社員に関して感じたのは、バリバリ猛烈に仕事をする人間がいない一方で、怠ける人間もいない、きわめて平均的な優等生集団であるということだ。「出る杭は打たれる」とよく言われるが、東京電力では「杭」がきれいに並んでいるのである。しかるに、間違っても「原発反対」などと宣《のたま》う社員などいない。もちろん、入社前に内定者の出自や身辺調査は行われているはずではあるが。

ただ、私の母は柏崎市役所勤務で自治労に所属、原発反対運動にも参加していた。親が反対しているのに、子どもは原発の仕事をしている。母にしてみれば、ずいぶん複雑な心境だったと思う。

職場では、息子が東京電力の社員であることは知られていたそうだが、組合幹部は臆面《おくめん》もなく、「原発反対ビラ」を母の机の上に置いたそうだ。母は目を通した後、そっとゴミ箱に捨てた、と言っていた。また、原発反対パレード（デモよりソフト）では、風船などを持って市内の目抜き通りを練り歩くのだが、誰が見ているわけでもないのに、「なるべく顔がわからないように頬《ほお》かむりをして歩いた」のだという。

先輩方から受けた洗礼

福島第一原発では、保修課に配属となり、計測制御装置のメインテナンスを担った。そこで、同年代の「先輩方」（高校卒業後入社で私よりもキャリアが長い人たち）から洗礼を受けた。まずは、放射線被曝《ひばく》アラームの洗礼である。「ちょっと来い」と言われ、現場に連れて行かれた。つなぎ（今で言う「防護服」）。この名称に私は違和感を覚える。なぜなら、経験上そう呼んだことはなく、放射線など防護しないのに、あたかもその機能があるような誤解を与えるからだ）に着替えるとともに、アラーム付き線量計をセットして、取り立てて用もないのに「廃棄物処理建屋」へ入った。薄暗い中、太い配管をまたぐと同時に「ビーッ」とアラームが鳴動した。規定の線量に達したということだ。「退出だ。わかるな」と「先輩」。どう考えても、無駄な被曝だ。

この被曝線量を含め、三年近くの勤務で浴びた私の線量は、一〇〇ミリシーベルトを超えた。原子力の現場では、「被曝すると男の子はできない」という言い伝えがある（電波を扱うテレビやラジオの放送局でも同様らしい）。私の場合、女の子が三人であるので、まんざら都市伝説とは言えないかもしれない。

また、ある日、「先輩」から電子回路の基板と、英語の取り扱い説明書、テスターなどの機器を手渡された。「大学でしっかり勉強しているから、直せるでしょ。今日中にね」と、故障した基板を修理しろと言うのだ。こちらは電磁波の勉強はしたが、電子回路など触ったこともない。だが、悔しいのでトライしたがうまくいかず、内緒で協力会社の技術者に相談するも修理できなかった。それを伝えると「大学で何をやってきたんだ」と言わんばかりに、基板を受け取り、なんとメーカーに修理を依頼した。「自分もできないくせに」と思ったが、その言葉は飲み込んだ。

その後は、徐々に先輩たちに溶け込んでいくようにして、何とか福島第一原発勤務を全うした。勤務をする中で、原発は「核」というリスクを内包していることは認識しているものの、それ自体が危ないと考えたことはあまりなく、周りの社員も同じだった。放射線被曝への懸念も希薄だった。その日その日を何とかして切り抜けることだけで終わってしまった感がある。

一度だけ、一九七八年の宮城県沖地震が発生したときに原発も激しく揺れたので、恐怖を覚えたことがあった。現場にいた私は、耐震強度が高い中央操作室へ逃げ込んだ。ただ、大津波まで思いを巡らすことはなく、もし津波が襲来したならば、むしろそれが引く時（引き潮）のほうが怖い、といった程度に考えていた。重要な冷却源である海水がなくなってしまうからだ。当時は学術的にも大津波が襲来することはないとされていたのである。

東京電力という会社が抱える問題点

民主党官邸に責任転嫁を図った東京電力

東京電力は、福島第一原発事故から五年が経過した二〇一六年二月、事故直後は炉心溶融《ろしんようゆう》を判断するマニュアルの存在に気付かず、今になって発見したと発表した。東京電力が炉心溶融を認めた（ただし、「メルトダウン」は学術用語でないとし使用には消極的）。

認めたのは事故から二カ月後だったが、「炉心損傷割合が五パーセントを超えれば炉心溶融」と定義されたマニュアルに照らせば、事故から三日後には「炉心溶融」と判断できていたという。何とも笑わせてくれる発表であり、「なぜ五年後なのか」と疑問が湧いたのは私だけではあるまい。

二〇一一年三月一二日の記者会見で、中村幸一郎原子力安全・保安院審議官（当時）が「炉心溶融」を明言したため更迭されたことを思い出す。壊滅的印象を与え、混乱を招きかねない「炉心溶融」という言葉は使いたくない、との意図が働き「炉心損傷」と言い続けたのは容易に想像がつく。それをマニュアルの存在に気付かなかったせいにするなど片腹痛い。では、事故から二カ月後に判断した根拠は何かと訊いてみたい。

そんなはずがないのは、東京電力姉川尚史原子力・立地本部長（当時）が「五五パーセントや七〇パーセント炉心損傷した状態で注水できていない状況を考えれば、常識的な技術者は『そう（炉心溶融）です』。マニュアルがなくてもわかる」と会見で語っていたことからも明白である。

この問題は、第三者委員会の調査に委ねられたが、その結果にも驚いた。首相官邸からの指示により、当時の清水正孝社長が「炉心溶融という言葉を使うな」と社内に指示していたというのだ。意図的な隠蔽《いんぺい》にもかかわらず、その責任を首相官邸側に転嫁するという東京電力弁護に終始した報告だった。それも、発表のタイミングが、参議院議員選挙直前だったことにも違和感がある。当時の菅直人首相と枝野幸男官房長官は、それぞれ「指示はなかった」と全面的に否定し、枝野氏は名誉棄損だとし法的措置を検討するとした。

二〇一六年六月二一日、東京電力の廣瀬直己社長は記者会見を開き、「炉心溶融を使わないよう当時の社長が指示し、公表を差し控えたことは重大な事実だ。痛恨の極みであり、社会の皆様の立場に立てば、隠蔽と捉えられるのは当然だ」と述べ、隠蔽を認めたうえで謝罪した。官邸側の指示の有無については「一つの民間会社や県では解決できないレベルの問題で、合同検証委員会でも結論は出せないと思う。国民の要望として解明に向け申し入れをしていくべき話だ」と追加調査しないとの考えを示した。これで、公表遅れの問題は一件落着した形だが、東京電力の隠蔽体質が明らかになったのは事実である。

昔からある東電の隠蔽体質

東京電力の隠蔽体質は、今に始まったことではない。その体質は、根深く改善されることなく現在に至っている。主な隠蔽やデータ改ざんを挙げる。

・一九七八年一月一一日、福島第一原発三号機で制御棒の脱落により日本初の臨界事故が発生したが、これを二九年後の二〇〇七年三月まで隠蔽した。

・一九八九年一月、福島第二原発三号機で、何回もの「原子炉再循環ポンプモーター振動大」の異常警報を無視し、運転を継続したため、原子炉再循環ポンプ内の部品が破損し炉心内に多量の金属粉が流入した。異常を無視し運転継続したことが、後日判明した。
・一九九二年二月、柏崎刈羽原発一号機で、タービンバイパス弁の異常により原子炉が自動停止したが、通産省（当時）へ報告しなかった。
・一九九二年五月、福島第一原発一号機で、定期検査期間中に行われた原子炉格納容器の漏えい率検査に際して、圧縮空気を原子炉格納容器内へ注入することにより漏えい率を下げる不正が行われていた。
・二〇〇二年八月、福島第一・第二原発、柏崎刈羽原発で一九八〇年代後半から一九九〇年代前半にかけて定期検査中に自主点検作業を実施した。その際に、原子炉圧力容器内部の炉心シュラウド（原子炉内部のステンレス製の隔壁。燃料や制御棒を収納する）などに、ひび割れがあることを発見しながら、国への報告がなされなかった。二九件のデータ改ざんの不正の可能性があると発表された。後日、一六件が不正と認定された。
・二〇〇七年一月、定期検査に関するデータの改ざんについての調査結果で、合計一七基中一三基で新たな不正が発覚し、非常用炉心冷却系（ＥＣＣＳ）ポンプの故障を隠蔽して検査に合格するなど、悪質な改ざんが明らかになった。
・二〇〇七年七月一六日、新潟県中越沖地震の際、柏崎刈羽原発三号機変圧器から出火した。自営消防隊による消火に失敗した後に、消防署へ通報した。これについて、地元自治体への連絡が大幅に遅延した。
・二〇一一年三月、規定の頻度を超えても保守点検を実施していない点検漏れの機器が見つかった。最長で一一年間にわたり点検していない機器があったほか、簡易点検しか実施していないにもかかわらず、本格点検を実施したと点検簿に記入していた事例もあった。

二〇〇二年のトラブル隠しは、大問題となり幹部の交代などにも及んだ。今後、同じことはしないと断言していた東京電力だが、そうではなかった。福島第一原発事故後も、東京電力の社員が「原発建屋の中は真っ暗で、危ないですよ」と事実とは異なることをいって、国会事故調査委員会の現地調査を断念させていたことが発覚した。

なぜ、隠蔽が繰り返されるのか。その理由に、まず公表して世間の悪評を買うことを嫌うことがある。そして、公表しようとすると膨大《ぼうだい》な手間と時間がかかる。社内的な上層部への説明と承認（これを躊躇《ちゅうちょ》するケースもあるが）、その後の国をはじめとして自治体、マスコミへの説明や原因の調査、再発防止策などの報告が待ち受ける。これにより、原発の長期間停止を余儀《よぎ》なくされ、稼働率の低下による業績悪化につながる。

それでなくとも、経済性をとやかくいわれる原発である。早く止めようと考える社員などいないだろう。そこで、「バレなければいい」「この場さえしのげば」という「事なかれ主義」の体質が貫かれているのである。末端の担当社員ではなく、組織ぐるみで行われるだけに始末が悪い。これは東京電力に限ったことではなく、他の電力会社にも共通することである。特に原子力部門が際立っている。かく言う私も、隠蔽や改ざんに関与したことは一切ないと言えば嘘になる。

言葉の言い換えによる隠蔽

原子力業界では、用語の呼び替えがしばしば行われる。たとえば、次のとおりである。

・事故→事象
・核→原子
・使用済燃料→リサイクル燃料
・老朽化→高経年化
・汚染水→滞留水
・炉心溶融→炉心損傷
・水棺→冠水

・新型→改良型
・被曝→受けた放射線量
・廃炉→廃止措置

思い浮かぶだけでも十指では足りない。これらは、いずれも世間受けを良くするためのイメージ良化・ソフト化かもしれない。しかし、考えようによっては、物事の矮小化、論点ずらし、危険な印象を除去するための印象操作であり、隠蔽と通底する行為ではないのか。東京電力の常套手段である。「危険性を隠したがる原子力業界の潜在意識の表れ」と指摘する識者もいる。

また、東京電力は柏崎刈羽原発六、七号機の再稼働に関する審査において、過酷事故時の対応拠点となる免震重要棟が、想定するすべての地震の揺れに耐えられない可能性があることが、二〇一四年に判明していたにもかかわらず、二〇一七年まで原子力規制委員会に対して誤った説明を続けていたという。東京電力では、これを解析した部署から、審査会合担当の部署にこの事実が伝わっていなかった、つまり情報共有が不十分だったことを理由とした。

これについて、田中俊一委員長は「免震重要棟」の耐震性について事実と異なる報告をしてきた東京電力を、「社内的な情報連絡が大事なところで抜けているのは、非常に重症だ」と批判した。

一方、米山隆一新潟県知事（当時）は、「本当に困る。今後の議論の進め方に大きく影響してしまう」と苦言を呈したうえで、「説明を信じるのがすべてのベース。今までの話し合いは何だったのか」と批判し東電側に説明を求めた。再稼働に条件付き賛成を表明している櫻井雅浩柏崎市長さえも「（東電の）体質が発展途上だと見せつけられた。再稼働には、より一層厳しい条件を付けなければいけない」と指摘した。

東京電力は、本当に福島第一原発事故の反省をしているのだろうか、そのような基本的な疑問を持たざるを得ない出来事であった。

こうして、東京電力の悪質な隠蔽体質は改善されることなく、その歴史は脈々と継承されていくのである。

独占企業が故の殿様商売

自社商品を買うなと呼びかける?

「半官半民」、私が入社する前から、東京電力はそう呼ばれていた。入ってみて、それどころではない、お役所以上だと感じた。「独占企業なのに何で営業部門があるのだろう」とか「節電?自社の商品を買うなと呼びかける会社は他にない」と疑問に思ったものである。

東日本大震災直後、こんなことがあった。わが家に送られてきた三月分の電気料金の請求金額が二月分とまったく同じだったのだ。一円単位まで、もちろん電力使用量も同じ。最初は、こんな奇遇なこともあるのかと思っていたが、やがて不審に思いその理由を東京電力に問い合わせた。

「お葉書をご覧になられていませんか」と問われ、

「見ていない」と答えると、

「実は検針ができませんでしたので、先月と同じ金額をご請求させていただきました。実際との差額は来月分で精算します」と返ってきた。

「東京ガスの検針は来たよ。全戸できなかったの？」と追及すると、

「茨城県北茨城市と千葉県旭市の検針ができませんでした」という。

「では、そこだけ同じ料金にすればいいではないか」と語気を強めると、

「当社（東京電力は『弊社』とは言わない）のシステム上の問題がありまして」と消え入りそうな声。

「それは御社の都合でしょうが、私には関係ない。正確な電力量を提示してくれるまで支払わない」と突っぱねると、

「どうかご理解ください」

そこで電話を切った。多くの家庭が電気料金は銀行口座引き落としであるから、気が付かないであろう。しかし、それをいいことに先取りとは何事か。二月の料金のほうが高い家庭もあるだろう。まったく「ふざけるな」である。私は現金で支払っているので、気がついたのだが、正確な請求金額が来るまで一カ月以上かかった。もし検針できなければ「今月の料金はいただきません。来月検針して二カ月分いただきます」。常識的に考えれば、それが商売というものだろう。商道徳にもとる請求だ。これを「殿様商売」と言わずに何と言う。独占企業であるが故の驕《おご》りがそうさせているのは間違いない。

電力自由化には発送電分離が必須条件

営業部門がこの体たらく。目に余るものだが、その営業ならずとも東京電力いや電力業界全体が、安穏としていられない状況がやってきた。二〇一六年四月一日から、いわゆる電力自由化がスタートしたのだ。

この電力自由化は、実は一九九五年から一部の特定電気事業者に限定して開始された。大規模工場など、限られた範囲を対象とした小売供給への参入が認められたのである。しかし、新規参入業者は電力会社の送電線を借用しなければならず、電力会社はその使用料金（「託送料金」と言う）を高くすることによって対抗したため、完全な競争の図式にはならなかった。

私の現役時代、社内では「新規参入絶対阻止」と声高に叫ばれていたのをよく覚えている。このため競争原理の導入が必要と二〇〇一年から発送電分離が議論されたが、電力業界の「電力の安定供給には発送電一体が必須」と反対したことで、結局、発送電分離は行われなかった経緯がある。その後、新規参入会社の供給可能範囲は少しずつ拡大されていったが、福島第一原発事故を機に、一般家庭を含むすべての需要者が複数の新規参入会社から選択することが可能となったのである。

二〇一八年七月時点で東京電力管内の一般家庭は、六二社の電力会社の合計二五七の電力料金プランから選べるようになっている。新規参入会社のうち主なものは、東京ガス、ENEOS、昭和シェルなどのエネルギー系、ソフトバンク、au、ジェイコムなどの通信系、その他珍しいところでは東急、楽天などがある。

東京電力は、電力自由化に備え組織を変更し、分社化した。東京電力ホールディングス株式会社を持ち株会社として、傘下に東京電力フュエル&パワー株式会社（燃料・火力発電事業）、東京電力パワーグリッド株式会社（一般送配電事業）、東京電力エナジーパートナー株式会社（小売電気事業）を置いたのである。

なお、原子力事業と水力発電事業は、東京電力ホールディングス株式会社の組織内で対応することとされている。これについて、東京電力は「他の電力会社に先駆けて、燃料・火力発電、一般送配電、小売の三つの事業部門を分社化し、ホールディングカンパニー制に移行しました。福島第一原子力発電所事故の『責任』を果たし、エネルギー産業の新しい『競争』の時代を勝ち抜いていくために、大きな変革を実行してまいります」としている。

一見、電力自由化の環境が整ったような印象を与えるが、他の電力会社の足並みが揃っていないうえ、公平な競争原理を機能させるために必要な中立・公正を有する独立した送配電会社（発送電分離）が存在しないなど、まだまだ道半ばといえる。

東京電力パワーグリッドは、完全に独立した会社ではなく、発送電分離は形だけである。これを、東京電力から切り離さなければ、真の電力自由化が実現したとは言えない。東京電力パワーグリッドは、無料でスマートメーター（通信機能を備えた電力メーターで、検針業務の自動化〈効率化〉のほか、省エネ化への寄与などが期待される）を設置することになっているが、これが遅れているという。

加えて、検針業務でもトラブルが発生した。他社に切り替えた場合でも、検針は東京電力が行い新規参入会社へ電力使用量が通知される。これが、システムトラブルで誤ったデータが通知される、あるいは通知が遅延する事例が多数発生したのだ。意図的に行われたとしたら、悪質で大問題だが。まだまだ改善の余地は多く残されているのが現状だ。

また、東京電力がどうしても嫌だという人は急いで他社に切り換えてもいいが、仮に原子力でも火力でもない、再生可能エネルギーのみを使いたいとする人が満足する十分な選択肢がないのが現状であるため、そういう人は環境が整うのを待ってもらうしかない。ちなみに、二〇一八年二月時点で東京電力管内の電力契約切り替え件数は、約三〇六万件で総契約数の約一三パーセント程度である。

「原発＝安い」神話の崩壊

東京電力は、競争の時代を勝ち抜いていくと宣言している。昔のように送電の託送料金を過度に高くするような芸当はできない中で、厳しいコスト争いに勝たなければならない。それを実現する目的でコストが安い柏崎刈羽原発を再稼働する、というのは筋違いだと私は考えていた。

しかし、どうもそうではないらしいのである。発電コストが最も安いとされていた原発だが、その座が揺らいでいるのだという。事故に伴う賠償金額や事故対策設備の費用、また廃炉費用が思ったよりも高くついているのが原因らしい。このため、経済産業省は、「電力自由化により、原発を所有する電力会社の経営環境が厳しくなる」として、事故時の電力会社の賠償範囲を縮小するなどの検討を始めた。

啞然《あぜん》、呆然《ぼうぜん》とは、まさしくこのことだ。朝日新聞の報道によれば、国の有識者会議の委員からは「原発コストは安いという試算があるのに、なぜ自由化で『原発は、やっていけない』という議論が出るのか」と矛盾を指摘する意見が出た、とのこと。この指摘は当然であり、これでは従前から強調されてきた原発再稼働の理由が、まったく成立しないことになる。

殿様商売とは、周囲が見えていない、自分自身が一番と考えていることが背景にあると考えられる。この発想がもたらす東京電力原子力部門特有の〝習慣〟について述べる。

それは、結婚披露宴でのスピーチである。披露宴に職場の上司を招待すると、必ずスピーチで原子力の安全性や必要性に触れるのである。私が初めてその場面に遭遇したときは驚いたが、同じ場面を何度も見ているうちに、きっとこれは会社上層部から指示が出ているに違いないと考えるようになった。私が経験した限り例外はない。

原発の地元であれば、その傾向はより顕著となる。地元で採用された社員は、有力者の息子や娘が多いのだが、その男女の社内結婚ともなると、結婚披露宴は大変なことになる。披露宴がまるで町議会と化してしまうのである。招待客の新郎側が双葉町議会、新婦側が富岡町議会といったような形になる。もちろん東京電力幹部も出席するのだが、スピーチの第一声はお祝いではなく、お世話になっている地元への感謝だ。直近に原発で何かのトラブルがあった場合などは、真っ先にそのお詫びから入る。誰のための結婚披露宴なのか、新郎新婦と親族がかわいそうになった。

私も御多分にもれず、結婚披露宴でいやな思いをした。私の妻は、東京電力とは縁もゆかりもない個人事業主の娘であった。当然、招待客も関係業界の人たちとなる。当時、私は高速増殖炉関係の仕事をしていたことから、招待した上司はスピーチで私の職種を説明したいがために、原子力とは何か、から始まり延々と話し続けたのである。その時間三〇分。

聞いているほうが疲れてしまう内容だった。披露宴終了後、新婦側の来賓たちから、「何だ、あのスピーチは」「お祝いの席にふさわしくない」「場所をわきまえろ」等々非難囂々《ひなんごうごう》であった。「申し訳ございません」とひたすら謝罪したが、何で私が謝らなくてはならないのかと疑問が湧き、何とも後味の悪い結婚披露宴になってしまったことを記憶している。

殿様商売企業が見せるある一面を紹介した。

釣り船も持っていた

結婚披露宴といえば、東京電力には会社が所有する社員専用の結婚式場があったのを思い出す。一般の式場とは比較にならないほど破格の低価格で結婚式、披露宴を行うことができる。利用した社員によれば、新婚旅行代が捻出できたという。つまり、いくら会社の施設とはいえ、招待客が持ってくるご祝儀は世間の相場に見合った金額であるのに対し、式場に支払う費用は相場以下、これで収支はプラスになるということだ。

私が入社したころは、東京都千代田区に「千代田荘」という宴会場があり、後に規模を拡大したうえで「東友クラブ」と改称し東京中央区に移転した。以前から、東京電力は、給料は飛びぬけて高くはないが、福利厚生施設は充実していると言われていた。そのとおり、結婚式場に限らず、会合等をする社員専用施設は東京都内の至るところにあり、会社帰りにちょっと一杯と気軽なものからVIP応対も可能な高級なものまでバラエティに富んでいた。東京・築地の聖路加タワーの上階にある「しゃぶしゃぶ料理」の施設や、イタリアンやフレンチ料理を提供する施設、レストランとか割烹とは呼ばず、すべて「東友クラブ（倶楽部）」の名称で運営されていた。そのうち東京渋谷区の施設は猪瀬直樹元東京都知事に処分すべき施設（不動産）と指摘されたものである。

会合施設は東京都内に限らず、東京電力管内すべての場所に設置されていた。飲食店が比較的少ない福島にも社員専用施設があった。その他にも、伊豆・箱根、房総半島、草津、鬼怒川、尾瀬などの景勝地に「保養施設」という名前の「ホテル」があった。そこには、温泉やテニスコートなどが完備されていた。

尾瀬の「東電小屋」は広く一般に知られており例外だが、その他は東京電力との名前は表に出さず、目立たないようにひっそりと建てられていた。看板が出ておらず、私も迷ってしまうことがたびたびあった。社員とその家族であれば利用できるのだが、応募者多数の人気施設は抽選となり、なかなか当たらなかったと記憶している。

その他、野球場、サッカー・ラグビー場、陸上トラック、テニスコート、プール、ジムなどが都内にあった。珍しいところでは、釣り船を東京電力が所有しており、施設に宿泊し釣りが楽しめるようになっていた。

また、主に東京への出張者のため、本店に近い新橋には会社経営の「東友ビジネスイン」と称する格安ビジネスホテルがあった。「東電病院」という社員とその家族専用の病院もあった。これも猪瀬元都知事のやり玉に挙がった施設だ。東京・信濃町に位置する、診療だけではなく、手術や入院もできる中規模の病院である。東京電力専属の医師もいたが、難しい手術などは隣接する慶應病院の医師が行っていた。私も入院・手術で何度か利用したが、その費用の安さには驚いた。ただ、他の企業病院は一般にも開放しているのに、ここはそうしないでいいのか、との疑問は持っていた。さらに、本店の一角に理容室があるのにはびっくりしたが、福島第一原発に赴任したときも、ちゃんと理容室があったのには二度びっくりだった。

東京電力には、こんな世間が羨《うらや》むような至れり尽くせりの時代もあったのだ。よく、「東京電力の社員は電気料金タダなんでしょ」と言われた。そういう事実はないが、昔は、割引券のようなものがあったと聞いたことがあるし、新しい発電所や変電所が完成すると一時金が出たという。ある人は「一時金が何回も出たので、所定の給料には一切手を付けなかったことがある」と自慢していた。しかし、それは過ぎし日のこと、すべての優遇制度は廃止され、施設は閉鎖あるいは売却されたものと考えている。そうでなくては困る。

東京電力ネーム入り作業服の威光

「殿様」ぶりは、私が入社後最初に赴任した福島第一原発で際立っていた。原発により地元に雇用が生まれたのは事実である。多くの下請け（協力）会社の社員は、そのほとんどが地元採用者であった。しかし、労働賃金の面では、東京電力社員との格差はきわめて大きい。原発には種々の作業があるが、東京電力社員自ら行うのは運転くらいで、その他、設備保守、放射線管理、改良工事等々ほとんどの作業が請負や委託の形態で下請け会社の手で行われる。東京電力社員は、「監理員」の名の下に、よくいえば監視、指示、確認などをする。悪くいえばただ見ているだけだ。若い東京電力社員が、偉そうに年配の下請け作業員をあごで使っている光景を頻繁に見かけたものだ。

中には下請け会社に作業をさせていながら、自分たちは現場事務所で遊んでいたことがあり、これにたまりかねた下請け会社の作業員が匿名で「あの東京電力の若造の生意気な態度は許せない」と告発したことがあった。しかし、社内周知は行われたものの一向に是正される様子は見られなかったと記憶している。

態度の大きい東京電力社員が、たじろぎ一変する場面もあった。さっきまで見下していたその作業員の背中に立派な「昇り龍」の姿を発見したときだ。というのは、原発の現場に入る場合、いったん作業服を脱ぎ裸になった後、現場用のつなぎに着替えるので、いやでも相手の裸の姿が見えてしまうからだ。私もさまざまな刺青をこの目にした。

終業後、大熊町、双葉町、浪江町などに繰り出すときも、東京電力社員は作業服で通りを闊《かっ》歩《ぽ》し、馴染みの店で飲食をしていた。地元の飲食店にとって原発作業員とりわけ東京電力社員は大のお得意様であり、まさに殿様なのだ。さらに社用でも利用してくれるのならなおさらである。

東京電力社員のほとんどが、寮か社宅に入っていた。したがって、朝、寮を出るときから、退社し一杯やって帰るまで作業服を着っぱなしということになる。通勤にマイカーを使用している社員もいたが、それはまれで、ほとんどの社員が地元のバス会社からチャーターした東京電力専用バスで出退社していた。私もそうだったが、朝から作業服を着てバスに乗り、仕事を終え作業服で夕方帰寮する毎日を繰り返すうちに、作業服が囚人服に、バスが護送車に思えてきた。平日、休日関係なく年がら年中作業服を着ていた。私服など無用の存在、オシャレなどまったく無縁のことであった。中には、パジャマの上に作業服を着て出社し、帰寮して作業服を脱いでそのまま寝る社員もいた。さすがに、それは会社から注意され止めたようだが、東京の実家へ帰るときも作業服のまま列車に乗る猛者《もさ》もいた。

とにかく、福島第一原発の周辺では東京電力社員となると一目も二目を置かれるのだった。それをいいことに地域への感謝などどこへやら、大手を振って歩いていた。作業服の胸にある東京電力の文字は勲章だったのだ。

しかし、その殿様振る舞いは、時代の趨勢《すうせい》が許さなかった。企業としての社会貢献の気運が高まり、また時期を同じくして、作業服を着たままの東京電力社員が交通死亡事故を起こすなどの不祥事が相次いだことから、会社以外での作業服の着用は禁止となった。

沸々と湧いてきた原発への疑問

福島第一原発で約三年間勤務した後、本店（東京電力では「本社」とは呼ばない）へ異動となった。

福島第一原発での経験で、高校時代に抱いていた原発への疑念が蘇ってきた。他章で述べるとおり、原発でのトラブルをなるべく公にしないようにする、また矮小化《わいしょう》する。マスコミに対しては、彼らの攻撃に耐え得る巧妙な理論武装をする。安全審査を担当する通産省（当時）や科学技術庁（当時）の役人の無知さ、いい加減さ、東京電力が代行している実態。そういった光景を目の当たりにしたからである。

また、決定打はコストダウンのためには、安全設備を減らすという「禁断の果実」を口にしてしまうことだった。「本当に原発はこれでいいのか？」「安全性は保たれるのか？」、疑問が沸々と湧いてきた。

しかし、立場上それを口外、進言はできない。言ったとしても、同調する社員などいない。結婚し家庭を持った私としては、ますます反旗を翻《ひるがえ》すことなどは不可能だった。もし、それをしたら懲戒免職処分まではないだろうが、降格・減給や左遷は間違いなかったであろう。とにかく、左翼的思想を嫌悪する社風であったことは否めない。組合も救済などしないだろう。所詮《しょせん》、御用組合だったからだ。そこで、忸怩《じくじ》たる思いをぐっと封印して、会社での仕事とは、勤労への対価を得るものと割り切ることにした。

四年後、再度の異動。またも勤務地は福島第一原発だった。ただ、今度は家族同伴であった。

健康的だった福島での生活

一九八七年、二回目の福島第一原発勤務では、妻と三歳と生後五カ月の娘二人が一緒だった。今は帰還困難区域となっている双葉町の社宅で暮らした。東京電力は異常に社内結婚が多かったのだが、私の妻は東京電力社員ではなかった。東京生まれで、東京以外では暮らしたことがなく、福島への異動を伝え、「一緒に行ける？」と訊いても「わからない」という答えが返ってきた。

しかし、短期間だったこともあり、妻も福島の田舎暮らしに馴染みはしなかったが、何とかやってくれた。社宅は、よくいえば庭付きのテラスハウス、日本流に言えば二階建て長屋だった。庭といっても、砂利が多く土質が悪かった。そこで、土壌改良をして、ナスやトマト、きゅうりなどが立派に育つ家庭菜園を完成させた。

買い物へ行くにも、何をするにも自動車は必需品だった。妻は、運転免許証は持っていたが、ほとんど運転していなかったため、いい練習になった。たまに、ぶつけたりしていたが、東京へ戻るころには人並みに運転できるようになっていた。

都会気分を味わいたい場合、東京は遠すぎる。いわき、郡山、福島、仙台と選択肢があった。すべて行ってみたが、時間は二時間と他よりかかるが、郡山や福島のように険しい道の山越えがない仙台がお気に入りになり、ある時から毎週末、仙台に遊びに行くようになった。仙台は、東京で買えるものがほとんど手に入り、緑の多いきれいな都市だ。マクドナルド、ケンタッキーフライドチキン、サーティワンアイスクリームなど子供が好きな店もあり、藤崎デパートの大食堂でのランチは定番となった。私も仙台が好きで、今でもたまに訪れている。

困ったことは、子供たちが小さかったので、病気をしたときの医療機関が少なく、しかも遠いことだった。しかし、妻もママ友がたくさんできて、共有する情報により対処することができたのは幸いであった。ママ友の中でも、旦那さんが土木建築関係に従事していると、お中元やお歳暮の時期に驚くほどの配達がある。わが家には、何も来ない。ゼネコン社会の凄まじさを思い知らされた一件である。

福島での生活はきわめて健康的であった。吸っていた煙草は止め、昼休みは福島第一原発構内をジョギングし、通勤は一時間以上かけて徒歩で、といった具合だ。休日は、妻は参加しなかったが、海釣り、トレッキング、冬はスキーなどをエンジョイした。仕事も技術総括というデスクワーク中心で、現場の放射線管理区域に入ることもほとんどない。おかげで被曝線量はほぼゼロだった。

八兆円の借金をかかえる企業が黒字⁉

「五年連続黒字」決算の実態

東京電力が二〇一八年三月期の連結決算を発表した。二〇一七年度の経常利益が二五四八億円（前年度は二二七六億円）と五年連続黒字となった。この報道に触れ、私は一瞬目を疑った。確か、東京電力は国から一兆円の出資を受け、実質国有化されたはずで、事故後毎月のように一〇〇〇億円単位で「原子力損害賠償・廃炉等支援機構」から資金交付を受けている（二〇一八年六月時点で七七回)。つまり借金をしているのではなかったのか。交付される資金の原資は、税金と全国の原子力事業者の負担金(ほとんどが電気料金)である。

この借金は福島第一原発事故の賠償や廃炉費用に充当するのだが、二〇一六年三月三〇日付けの毎日新聞が詳細に報じた。それによれば、事故対応費用の総額は、なんと一二兆円を超えているというのだから驚きだ。内訳は、

・被害者への損害賠償　六兆一六八一億円
・廃炉・汚染水対策　二兆二〇四八億円
・放射性物質に汚染された地域の除染　二兆六三三一億円
・汚染廃棄物の処理　七一五六億円
・汚染土を保管する中間貯蔵施設整備　三三九三億円

で、総額一二兆四九九億円だという。これは、あくまで二〇一六年時点での中間的な金額であり、さらに増大し、間違っても減ることはないと考えていた。

予想通り、その後、一年足らずでこの金額は次のとおり二倍近くに膨らんだ。

・賠償費用　七兆九〇〇〇億円
・廃炉・汚染水対策費用　八兆円
・除染費用　四兆円

・中間貯蔵施設費用　一兆六〇〇〇億円

合計二一兆五〇〇〇億円。どこかの国家予算かと見間違えるような驚愕《きょうがく》の数字である。しかし、これでも足りず、五〇～七〇兆円が必要と試算するシンクタンクもある。

このうち東京電力は、一五兆九〇〇〇億円を負担するのだそうだ。大部分は原子力損害賠償・廃炉等支援機構からの資金交付で賄われる。二〇一八年四月に変更認定を受けた特例事業計画に基づく資金交付額は、一〇兆二〇〇六億円（閣議決定による上限一三・五兆円）であるが、二〇一八年六月時点で、すでに八兆円を超える交付金を東京電力は実際に受領している。

借金であるからには、当然返済が求められるが、東京電力は三〇年以上かけて全額返済するそうだ。そのためには、黒字が継続することが前提になる。除染などの費用は、環境省がいったん肩代わりし、その後東京電力に請求することになっているが、請求された費用の支払いを東京電力は渋っている。また、黒字が出たのならすぐに返済すべきだと思うのだが、どうもその様子はない。本当に返済する意思が、東京電力にあるのか首を傾げざるを得ない。

と思っていたら、いつの間にか国が保有する東京電力株の売却益で返済することになってしまった。現状、それほどの株式価値がないにもかかわらず、まったく未知数の将来の上昇を期待してのものだ。また、中間貯蔵施設費用は税金で賄われることとなった。

では、現時点で八兆円を超える借金があるのに、なぜ黒字になるのか、経理に明るくない私には到底理解できないところである。詳しい人に尋《たず》ねたところ、交付された資金は、帳簿上「特別利益」となるため、損失は相殺され、電気料金値上げ、経費削減などの効果により黒字となる、とのことだった。少しわかった気になったが、一部で「黒字により以前カットされた社員の給料が元に戻った」と噂されている。その話が事実なら許されないことである。

泉田裕彦元新潟県知事の発言を引用する。

「東電は、企業経営の観点からもモラルハザードを引き起こしています。福島の事故処理で、国が、東電にお金を貸していた金融機関も株主も免責してしまったからです」

「資本主義のルールでは、金融機関はお金を貸すとき、その会社が事故を起こして貸したお金が回収できなくなるリスクを考えなければなりません。ところが、事故を起こしても国が保証してくれる、リスクがないとなれば、金融機関は、たとえ危なくてもカネのために動かしてもらったほうがいいということになる。おかしいでしょう。資本主義の倫理が働く形になっていないんですよ。株主も、事故を起こしたら投資したお金が焦げ付くとなれば、みなで会社を監視する。そうして安全文化が育つんです。ところが株主も免責されてしまった」

原発事故による借金を原発運転で返済？

メガバンクや株主の責任が免除され、かつ国が大規模なバックアップをすることで、東京電力は、モラルハザードを起こし、安全文化が崩壊してしまったということだ。財政的には事実上破綻している東京電力が、国の後ろ盾がある事実を隅に追いやり、ＯＢたちには「みなさまが築き上げた東電を再生させる」とうそぶいた挙句、「親方日の丸」気質を変えようとしない。私は失望するばかりだ。

借金返済のためには、安定した経営が要求される。これ以上の経費削減は困難だ。だから柏崎刈羽原発は再稼働しなければならない、というのが論旨なのだろう。だが、自社で起こした事故への対処を独力ではこなせず、国に甘えている東京電力に、原発を運転する資格などあるはずがない。さらにいうと、原発事故が原因で抱えた借金を原発の運転で返す、これ以上の矛盾と皮肉な話はないだろう。

福島第一原発事故の処理費用は増え続け、そのたびに東京電力は国に追加支援を求める。この繰り返し、まさに青天井だ。それを、電力自由化で参入した「新電力」の利用者にも負担させようとしている。福島第一原発事故前まで、電気を原発に依存してきた責任を我々は自覚するべきであり、電気料金で賄うのが原則だからだという。

ただし、ここまで費用が膨大になるとは、誰もが考えていなかったであろう。現在、東京電力が国から借金をして返済する、イレギュラーな形態が取られているが、東京電力が全額返済できるかは疑問である。やはり、当初から東京電力は解体し、国が前面に出るべきだったのだ。

電気料金で賄おうが、国が税金で対処しようが、結局は国民負担であることに違いはない。であるとしたら、軽々に「新電力」の電気料金に上乗せするべきではなく、膨大な額の税金を原発事故の対策や廃炉費用に投入することや、その財源をどのようにやりくりするのかについて、広く国民の理解を得ることが第一条件ではないのか。すべての人から公平に費用を回収するとの理由で、原発を嫌い「新電力」に切り替えた消費者にも負担させることは、大手電力の救済策であり、電力自由化の原則から見て本末転倒ではないのか。

それよりも、原発が一度事故を起こしたならば、国家を巻き込む巨額の費用が発生することを深く胸に刻み、すみやかに原発から撤退することを考えるべきであろう。

第2章

福島第一原発事故は現在進行形である

検証が完全でない福島第一原発事故

四つの「事故調査委員会」は何を提言したのか？

福島第一原発事故後、国会、政府、民間（一般財団法人・日本再建イニシアティブ）、東京電力の四つの事故調査委員会が立ち上げられ、それぞれが事故原因の究明や事故時の対応の検証、さらに提言・課題などの検討結果を報告している。いずれの委員会も事故の一年後の二〇一二年までに報告書をまとめたが、事故原因の解明・特定までには至っていない。これは、何より重要なことであるが、福島第一原発の環境が悪く詳細な現地調査ができなかったことと、再現実験による事故の検証が行われなかったことが理由として挙げられている。

これを受けて、国会、政府両事故調査委員会は、継続調査の必要性を提言している。すなわち、国会事故調査委員会は、民間専門家中心の第三者機関を国会に設置し、廃炉の道筋や使用済み核燃料問題等も含めた調査審議を継続すること、政府事故調査委員会は、関係機関がそれぞれの立場で調査・検証を続けつつ、国が主導的に事故原因の解明・被害の全容把握に努めることを求めている。

しかし、現在に至るまで、これらの提言に従って国や東京電力などの関係機関が、真剣にフォローアップをしている姿は見られない。国会事故調査委員会が指摘した「依然として事故は収束しておらず、被害も継続している」という言葉をどう受け止めているのであろうか。

なお、東京電力事故調査委員会は、規制に沿って対策を進めてきたが、今般の津波は想定を大きく超えるもの、つまり「想定外」だったとして、予想通り報告書では自己保身を貫いた。

大津波への対策が不備であったことによる全電源喪失が事故の主因とするのが、大方の見解である。ただし、国会事故調査委員会の見解では、安全上重要な機器の地震による損傷がないとは確定的には言えないとしている。この指摘を含めて、事故進展の過程で未解明な点が多々ある。その中でも、私が最低限解明して欲しい問題が二点ある。

一つは、一、三号機で発生した原子炉建屋の水素爆発のメカニズム、二つ目は二号機格納容器の減圧の謎である。

なぜ原子炉建屋が水素爆発するのか

本来、設計では原子炉建屋の水素爆発は考えていない。事故時に水素が発生することは想定し、その水素は原子炉格納容器内に閉じ込め爆発を防止する対策を取っている。具体的には、格納容器内は不活性ガスである窒素を充填したうえで、万が一大量に水素が発生した場合、可燃性ガス濃度制御系（ＦＣＳ）で水素を燃焼させ、その濃度を下げる対策が取られている。であるから、爆発の映像を見たとき、特に三号機のそれは、「これは原子炉の中心が爆発した、大変なことになった」と考えた。

後刻、原子炉建屋の水素爆発だったと発表されるが、それではなぜ格納容器に封じ込められているはずの水素が建屋に充満したのか、との疑問が湧いた。格納容器内の水素が建屋へ漏洩した結果なのだろうが、格納容器が破損して漏洩したのか、格納容器内の圧力が上昇し、元々透過性のある水素が出てしまったのか不明である。前者の可能性が大きいとされているが、どの部分が破損しどのような経路で原子炉建屋の最上階に滞留したのかを明確にする必要がある。

水素爆発に関して、まだ疑問がある。同じ炉心溶融を起こしている二号機が何故爆発しなかったのか、だ。ここでは、ブローアウトパネルの存在が謎を解く鍵になる。ブローアウトパネルとは、建屋の側面に設置された、いわば窓である。窓には扉があり、水蒸気の漏洩などにより建屋の圧力が急激に上昇した場合、扉が開放し機器の損傷を防止するためのものである。

これは、二号機に限らず、すべての原子炉建屋に付いている。映像で見た人もいると思うが、二号機のブローアウトパネル部分はポッカリと穴が開いていた。これが幸いして、そこから水素が外部へと逃げたことにより爆発しなかったらしい。二号機のブローアウトパネルは、三号機の爆発の影響で吹き飛んでしまったとされている。しかし、ブローアウトパネルの高さから水素は逃げない、との異論もある。三号機の爆発で発生した何かの破片が、建屋の天井へ落下し三カ所穴が開いた。そこから水素が逃げたという説である。

議論が分かれるところであり、私には判断が付かない。検証が必要だろう。

翻って、一、三号機のブローアウトパネルは、自動開放しなかったのだろうか。実は、二〇〇七年の中越沖地震の際、柏崎刈羽原発三号機のブローアウトパネルが、揺れにより脱落する異常があった。これを教訓に各原発のパネルが簡単に開かないような対策が取られた。何らかの方法で固定強化が施されたが、溶接で固定したという噂まで出た。さすがに、いざというときに開かないような溶接はあり得ないだろうが、こんな裏話があったのである。固定強化がなされなければブローアウトパネルが自動開放し事なきを得た。つまり対策が仇となったという説と、水素が充満した程度の圧力では、たとえ固定強化がなされていなくても開放しないとの説がある。これも真相はわからない。

二号機原子炉格納容器の問題

二点目の二号機格納容器の問題に移る。三月一四日、三号機の爆発に伴い復旧作業が中断する中で、冷却機能喪失状態になった二号機だが、ついに炉心溶融が始まり、格納容器の圧力が上昇した。残された手段はベントしかなく、何回も作業員の手によってそれが試みられた。しかし、うまくいかず、格納容器の圧力は、ついに七五〇キロパスカル（七・五気圧）最高使用圧力の二倍以上）まで達した。もうなすすべがなく、吉田昌郎所長は神に祈るしかない状態だったという。しかし、翌一五日早朝、突然格納容器を構成するサプレッションプールの圧力がゼロになり、事態は収まったのだという。何が起こったのか、誰もわからなかったのだ。格納容器のどこかが破損し、漏洩により減圧したとの予測は容易だが、事実は定かではない。

これにより、件《くだん》のブローアウトパネル部分から、大量の放射性物質が放出された。このメカニズムが、一切解明されていない。

この二点の他にも、解明・検証されていない謎や疑問が多々ある。このまま、闇に葬られてしまうのだろうか。解明・検証なくして、事故の教訓を反映した基準などできるはずがない。ましてや、再稼働などもっての外なのである。

余談になるが、福島第一原発事故直後、なぜ一号機だけ建屋がカバーで覆われたのか、首を傾げる。放射性物質飛散防止の他、無残な姿を晒したくない意向もあったのだろう。だが、三、四号機はもっと酷い状況だったはずである。穿った見方かもしれないが、一号機だけは純粋なアメリカ製（GE社）であることから、アメリカから圧力がかかったのではないか。そう私は想像する。「アメリカの恥を露にするな」と。五年以上経ってカバーは取り外されたが、これも解明されていない謎の一つである。

大津波予測を無視した

もう一つ、津波のリスクへの対応について、東京電力は現在に至っても、検証結果を出していない。「想定外」の津波が襲来したことが事故の原因と、問題の棚上げ先送りを続けるのだろうか。私の経験から津波対策に関する安全審査は、ほんの数分で終わる。「福島第一原発で想定される最大津波高さは、五・七メートルですが、敷地高さは海抜一〇メートルですから問題ありません」たったこれだけだ。

実際は、その三倍の津波に襲われた。二〇〇二年に国の地震調査研究推進本部が福島県沖で大津波を伴うマグニチュード八級の地震が起こる可能性があるとの長期評価を公表した。しかし、過去にそのような地震が発生したことは知られていないことを理由に、一部の学者は疑問を呈した。東京電力が長期評価に基づき津波高さを計算したのは、二〇〇八年のことで、結果は一五・七メートルだった。しかし、あくまで仮定に基づいた試算に過ぎないと具体的な対策を取ることはしなかった。このときの担当部長は、吉田昌郎氏であり、対策の必要なしとの結論を上層部に伝えたとされている。

この大津波に関しては、強制起訴された東京電力旧経営陣三人（元会長の勝俣恒久被告、元副社長の武黒一郎被告、元副社長の武藤栄被告）の刑事裁判においても最大の争点となっている。

二〇一七年六月の初公判では、検察官役の指定弁護士は、事故の三年前に東電の内部で津波による浸水を想定し、防潮堤の計画が作られていたとして対策が先送りされた、すなわち「大津波は予見できた」と主張した。一方、三人の被告は「津波、事故の予見は不可能」と無罪を主張した。

二〇一八年五月九日の第一一回公判では、原子力規制委員会の元委員長代理島崎邦彦氏が証人として出廷した。島崎氏は前述の「長期評価」をとりまとめた際の部会長でもある。「長期評価にもとづいて対策を取っていれば原発事故は起きなかった」との氏の証言は注目に値する。

この審理は長期化が予想されるが、引き続き注視していきたい。

福島第一原発はドル箱だった

福島第一原発は運転開始から四〇年近くが経過しており、減価償却はとっくに終了し、動かせば動かすほど儲かる（原発は初期投資が大きいことから長期間稼働するほど利益が出る）。東京電力にとってはドル箱なのである。それを止めるか、そして高いお金をかけて改造するかという話だ。たとえば、防波堤の高さを三倍程度にする改造を計画した場合、億単位の費用がかかり、すべての原発を停止しなければならない。それよりも、高いハードルがある。まずマスコミや地元への説明だ。

「改造する理由は？　今までは危険だったのですか？」

矢のように質問が飛んでくるだろう。それに回答するのは難しい。というよりは、面倒くさいのだ。苦労して説明して理解を得て、多大な費用を投じて全機停止してまで改造するより、今のままでいいということになる。また、七，八号機増設の計画があり、その際には防波堤の付け替えが必要となることも少なからず影響していたかもしれない。

もう一つは、国の審査機関への忖度である。東京電力が国に対して改造を申し出た場合、一度安全審査で許可をしている国はどのような反応をするのか。「我々が下した判断、いわゆるお墨付きは間違いだったというのか」。そんなことを言われかねない。トラブル対策の改造とは異なり、東京電力が自主的・自発的に改造を行うことは非常に困難が伴うのである。この問題についても東京電力は真相を発表すべきである。

どうする汚染水の処理

機能しない凍土壁

福島第一原発構内に貯蔵されている汚染水は、優に一〇〇万トンを超えている。一〇〇万トンと簡単にいうが、一般のドラム缶に換算すれば五〇〇万本と、とてつもない量である。何度となく漏洩問題を起こしている貯蔵タンクであるが、この先も作り続けるのだろうか。敷地内はすでにタンクだらけで、それも限界に近づいている。

ALPS（＊）により汚染水の放射性物質は、徐々に除去されてはいるものの、トリチウムという厄介者はどうしても取り除くことはできない。世界中の先端技術をもってしても無理である。私の現役時代、「トリチウムを除去する技術を開発したらノーベル賞ものだ」と話していたものだが、状況は四〇年以上経った今も変わっていない。

一体、この大量の汚染水をどうするのだろうか。東京電力や原子力規制委員会は、海へ放出・希釈したいのが本音であろう。東京電力川村隆会長が「判断はもうしている」と発言したことからも明らかだ。だが、もう地元の漁協組合の了解を得れば良いという国内に限った問題ではない。汚染水の海洋放出はもはや国際問題と化しているのだ。そう簡単にはできまい。

話題になった凍土壁もここへ来て怪しくなっている。期待された効果が得られず、原子力規制委員会筋からは「破綻している」との指摘もあったほどだ。凍土壁は東京湾アクアラインのトンネル工事で急な漏水があったときに、一時的な止水に用いたような応急的な技術で、恒久的な対策ではないと、当初から私は考えていた。また、大規模な凍土壁は今までに例がなく、まさに福島第一原発という現場で実証試験を行うようなものだった。

その上、凍土壁は汚染水を完全に止めるのではなく、その増加を抑制するにすぎないものである。その証拠に、二〇一六年一二月原子力規制委員会は、「全面凍結」して二カ月経過したが、目標通り地下水を遮っておらず、凍土壁の効果は限定的と判断した。初めから期待はしていなかったが、「ああ、やっぱり」としか感じない。

凍土壁工事には、すでに約三五〇億円ものお金が費やされている。しかも今後、凍土壁を維持するためには、電気代だけで年間一〇億円かかるとの試算もある。こんな始末になってしまうのは、東京電力の初動に問題があったからで、今そのツケが回ってきている。もともと地下水が多い敷地であることは、東京電力は重々承知していたはずである。にもかかわらず、原発担当の馬淵澄夫首相補佐官（当時）が提案した、地下遮水壁いわゆる地下ダムの建設に対し、東京電力が難色を示し、結局実現しなかった。

その理由は、ダム建設に国が支払う保証のない一〇〇〇億円がかかる。それが、東電の債務増と受け取られれば株価がまた下がり、株主総会を乗り切れないという信じられない理由だった。この問題で、「タラレバ」は禁物かもしれないが、早々に地下ダムを建設していればと、暗澹たる気持ちになる。

また、事故直後、汚染水処理を私はこう考えていた。すなわち、大型のタンカーを用意し、汚染水を他の原発に輸送する。そして、その原発の液体廃棄物処理施設で処理する。運転できないであろう原発が唯一貢献できることだ。タンカーが汚染して使い物にならなくなるかもしれないが、汚染水処理という深刻な問題が解消できることを考えれば、決して損ではないだろうと。奇しくも、元京都大学助教・小出裕章氏も同様な主張をしていたが、このアイデアが実現することはなかった。

炉心が溶融した原子炉を冷やし続ける限り、汚染水は増え続ける。これをどうするのか。万策尽きた感があるが、そうは言っておられず抜本的な対策を考える必要がある。といっても、私の頭の中には、妙案は浮かんでこない。東京電力とともに現実逃避でもするしかない。

（＊）ＡＬＰＳ多核種除去設備。セシウムなど六二種の放射性物質を除去する。

廃炉――今世紀中はムリ

燃料デブリがどうなっているのか誰にもわからない

通常、廃炉は、使用済燃料を搬出し、系統除染（配管内などに付着している放射性物質の除去）や、放射能を減衰させるため安全貯蔵を経て、建屋内部の解体・撤去、建屋の解体・撤去、最終的に廃棄物の処理・処分をする流れで行われる。この工程は、二〇～三〇年を要するとされている。

しかし、福島第一原発の廃炉は勝手が違う。何しろ、炉心が溶融しているのだ。東京電力は、福島第一廃炉推進カンパニーを設置するなど政府と協力して、これに取り組む姿勢を見せる。政府の廃炉・汚染水対策関係閣僚等会議（議長・菅義偉官房長官）は、政府と東京電力が原子力損害賠償・廃炉等支援機構の技術的な検討も踏まえてまとめた廃炉に向けた「中長期ロードマップ」（廃炉工程表）を決定、公表している。これによれば、二〇二一年一二月から開始し、三〇～四〇年で廃炉を完了するのだという。私は、にわかに信じることはできない。超超楽観的な見通しだ。ここで断言しよう、廃炉は今世紀中には完了しない。その根拠を次に述べる。

まず、燃料デブリがどこにどのような状態で存在しているのか、その全貌が誰にもわからない。ここでデブリという言葉を使ったが、意味は溶けた燃料が冷えて固まったものである。いや、固まっているのかさえ不明である。コリウム（燃料、被覆管材料等を含む炉心溶融物）と称するのが適当なのかもしれない。それはよしとして、燃料デブリの存在場所、状態を確認するためロボットや宇宙線を使った方法が試みられている。最近ではドローンを活用する話まで出ている。しかし、高い放射線量などが災いして、作業は難航し目立った成果は出ていない。

それが、判明した後にようやく燃料デブリの取り出しが始まるのだが、これが最大の難関と言えよう。ロボットなどを使った遠隔操作に頼らざるをえないのだが、その技術は現在開発中である。また、放射線量が高いため格納容器を水で満たし（水棺方式）、水中で作業することになるが、格納容器は損傷していることから修理をする必要がある。しかし、格納容器の損傷箇所の特定が困難であるため、水を使わない気中方式も検討されている。

取り出し技術がいつ実現するかは見通せないが、仮に実現して初号機で成功したとしよう。だが、同じ技術がそのまま他号機に流用できる保証はない。その場合、開発のやり直しになる。その繰り返しになる可能性もあり、不確定要素が山積みである。

その実情を、二〇一五年三月、東京電力福島第一廃炉推進カンパニー・プレジデント（当時。現執行役副社長）の増田尚宏氏が「NHK WORLD NEWS」のインタビューに応える形で、次のように語った。

「燃料デブリについては、何もわからない。その形状や強度は不明である」

「三〇メートル上方から遠隔操作で取り出さなければならないが、我々はそういった種類の技術はまだ有していない。簡単にいえば、存在しない」

「格納容器を水で満たすことができるかどうかまだわからない。損傷した格納容器三基の何ヵ所かにヒビ割れや穴を発見したが、それですべてかどうかわからない。他にもあるとしたら、燃料デブリを取り除く他の方法を見つけなければならないかもしれない」

「（政府の二〇二〇年に燃料取り出しを始める計画について）それは非常に大きなチャレンジだ。正直にいって、私はそれが可能だといえない。でも不可能だとも言いたくない」

「（一番必要なことは）言うのは難しいが、おそらく経験だろう。どのくらいの被曝線量なら許容されるのか？　周辺住民にはどんな情報が必要とされるのか？　どうすればよいかを教えてくれる教科書はない。私は、工程の段階ごとに決定を下さなければならない。正直いって、私が正しい決定をするということは約束できない」

増田氏は、国際放送であることから気が緩み、ついつい本音をしゃべってしまったのかも知れないが、それにしても極めて悲観的な発言である。半ばあきらめ加減とも取れる。廃炉推進の責任者という立場にある増田氏の発言であるから、ことは重大・深刻である。

ＮＨＫはこの内容を海外向けに放送したが、国内へは一切報じなかった。懇意にしているＮＨＫ ＷＯＲＬＤ ＮＥＷＳの記者に報道してよと訴えてはみたものの、「事情をよく知っているでしょ」と冷静に言われてしまった。もはや、安倍政権の広報局に成り下がってしまったＮＨＫを、この期に及んで批判する気持ちにもなれないが、他の報道機関の責任も重大だ。この絶望的ともいえる現実について、日本国民に問題提起したうえで、国民的な議論を促す義務がある。

地元の反対で葬り去られた「石棺」方式

新聞報道によると、二〇一六年七月、原子力損害賠償・廃炉等支援機構が、福島第一原発の廃炉作業の技術的な裏付けとなる新たな「戦略プラン」を公表した。その中で、燃料デブリを取り出すことなく、チェルノブイリ原発四号機で採用されている、建屋をコンクリートで覆う「石棺」の可能性について言及し、「長期の安全管理は困難」と問題点を指摘しつつも、「今後、内部状況に応じて柔軟に見直しを図ることが適切」と、「石棺」の方式に含みを持たせる計画を示したのだという。

これに対して、地元は強く反発した。内堀雅雄福島県知事は、高木陽介経済産業副大臣と会談し、「福島県民は非常に大きなショックを受けた。（住民帰還などを）諦めることと同義語だ。風評被害の払拭にも影響が及ぶ」と強く非難したのに対し、高木氏は「国として石棺で処理する考えは一切ない」と回答した。

最終的に、原子力損害賠償・廃炉等支援機構の山名元理事長が鈴木正晃福島県副知事と面会し、「石棺を検討していることはまったくない。ご心配をおかけしたことをおわび申し上げたい」と陳謝したようである。それにしても、現計画の実行が困難であることを政府側がみずから匂わせるような出来事であった。

想像を絶する二号機の格納容器内の光景

二〇一七年二月初め、福島第一原発二号機の格納容器内の圧力容器直下（「ペデスタル」と呼ばれる）の様子を撮影した画像が公開された。グレーチングと呼ばれる作業用の足場（鋼材を格子状に組んだもの。一般には排水路にかける蓋に利用される）に、核燃料デブリらしきものがこびりついており、中心には約一メートル四方の穴が開いている。想像を絶する光景だ。溶融燃料が、圧力容器を貫通し直下のグレーチングを溶かしたものと推定される。

圧力容器の底部には、制御棒駆動機構や中性子検出器が設置されており、それらのメインテナンスのためにグレーチングが敷かれている。私は何回もその場所に入った経験があるが、通常でも放射線量が高く、作業時間はせいぜい一人当たり三分程度だった。そのため、人海戦術で対処せざるを得なかった。ところが、東京電力の推定によれば、付近の最大放射線量は、毎時五三〇シーベルトと驚愕の数値である。もし人が接近したら即死するであろう。燃料デブリの回収は、二〇二一年からと計画されているが、それは核燃料デブリが一カ所に固まっているとの楽観的な想定がなされているのではないか。仮に、画像で確認できるグレーチングにこびりついている黒い塊が燃料デブリであったとするならば、それらも含めて燃料デブリの全量取り出しは、困難を極めることとなろう。

また、二〇一七年七月、三号機の圧力容器下の映像が公開された。燃料デブリと思われるものが、つらら状に垂れ下がっているほか、格納容器底部には岩石のような堆積物が確認できる。機器には粒状の燃料デブリが飛び散ったように付着している。

さらに、今年になって、二号機のペデスタル底部の状況が公開された。そこでは、燃料デブリとともに燃料集合体の頂部にある「ハンドル」が混在していた。これは恐ろしいことだと感じたが、東京電力のホームページでは「全体的に冷却状態が維持されていることが確認された」と呑気な動画解説がされていたのには呆れた。危機感や切迫感はまったく伝わってこない。

東京電力は、こうした把握を一つの進歩と考えているようだが、依然として情報は断片的で全貌が明らかになったわけではない。私は核燃料デブリの取り出しは一筋縄ではいかないことを再認識した。

いつになれば実態が把握できるのか

調査用ロボットの開発には、長時間を要するうえに、お金もかかる。すでに二〇一七年度まででで約七〇億円が投じられたという。しかし、相次いで調査は失敗に終わった。これに関して、原子力規制委員会では「ロボットに注力しすぎるのでは」と疑問の声が上がっており、別の選択肢も視野に入れるという。いつになれば実態を把握できるのか、まったく予想がつかない。

東京電力は二〇一七年九月までに一〜三号機について核燃料デブリの取り出し方針を決定し、

廃炉作業を加速させるとしていたが、案の定、最初に着手する原子炉の選定と工法の決定を二〇一九年度中に遅らせた。

当時、福島第一廃炉推進カンパニー・プレジデントの増田尚宏氏は「今回の結果は方針決定の貴重な判断材料になる」と述べた。前述のNHKでの発言とは異なる前向きな発言である。だが、燃料デブリの実態もわからないまま、どうやって方針を立てるのか、あまりにも楽観的過ぎるのではないか。疑問は尽きない。いつまで、希望的観測を継続するつもりなのだろう。

二〇一七年七月、原子力損害賠償・廃炉等支援機構は、原子炉格納容器内の水位を低く設定して横から取り出す「気中―横アクセス」工法で始めるべきだとする提案をした。デブリは水中に置き、ロボットアームの遠隔操作により切り出して回収するというものだ。しかし、方針だけ決めるということでいいのだろうか。まったく実体が伴っていない状況で前述の工法など、まさに机上の空論に過ぎない。工程が先送りされるのも無理はない。

私が廃炉を今世紀中に完了するのは不可能とする根拠が、また一つ増えた。

被害者救済は掛け声だけ

原発から放出された放射性物質は東電のものではない？

東京電力のホームページには、以下の〝決意表明〟がある。

「福島復興への責任をはたすために『福島の復興なくして東京電力の改革､再生はあり得ない』との決意の下、事故の責任を全うすると共に、福島の生活環境と産業の復興を全力で進めてまいります」

「原子力損害賠償について、被害を受けられた方々に早期に生活再建の第一歩を踏み出していただくため、社員ひとりひとり、真摯にご対応させていただきます」

さらに除染については、

「避難を余儀なくされている方々の一日も早い帰還に向けて、国・自治体の除染活動への社員派遣や技術支援などを行っています」

などなど。

福島県では、現在なお四万五千人以上が県内や県外で避難生活を続けている。ただ、二〇一七年三月末で「自主避難者」の方々の住宅無償支給が打ち切られ、この人たちを各市町村が「避難者」に計上しなくなったため、その数は激減した。これには多くの疑問の声が上がっている。

このホームページにある東京電力の決意などは本当なのだろうか。

「事故の責任を全うする」とあるが、東京電力元幹部三名が強制起訴されているものの、誰一人として罰せられた者はおらず、事故の責任者は不在のままである。

「原子力損害賠償は真摯に対応」するそうだが、正反対の声が少なからず聞こえてくる。忘れられないことがある。事故直後、二本松市のゴルフ場が東京電力に対し約八七〇〇万円の損害賠償と、放射性物質の除染を求め、東京地裁に仮処分の申し立てを行った。これに対して東京電力は、原発から放出された放射性物質は東京電力の所有物ではない。したがって東京電力は除染に責任をもたない、と主張したのだ。また、放射性物質を「もともと無主物であったと考えるのが実態に即している」とも答弁している。

裁判所は、ゴルフ場の訴えを却下した。それにしても「無主物」とは、あきれ果てた。恥を知れと強く感じた。最初から、一般社会の常識から著しく乖離する論理を展開していた東京電力である。その無責任体質が、そう簡単に変わるはずはない。

東京地裁はさすがに「無主物」とは認定しなかったものの、除染は国や自治体が行うものの、ゴルフ場の放射線量率は毎時三・八マイクロシーベルトを下回っているから休業する必要はないとの判断を示したのだった。

国は逃げている

賠償業務でも、提出すべき請求書の枚数が膨大なことが問題となり、請求書の記載の些細な不備、たとえば住所に「福島県」や「双葉郡」がないことで書類が無効になる実態が明らかになった。また、電話の応対は東京電力社員ではなく派遣会社が行うとか、業務効率が悪いなど多くの被害者を無視した行動が話題になった。

その中でも親身になって被害者への対応しようとした東京電力社員もいたことを私は知っている。しかし、それをよしとしない上司とのトラブルや激務で心身に変調を来たして、会社を解雇される羽目になってしまったのだ。彼は在職中、これは労災ではないかと上司に詰め寄ったが封じ込められたのだという。現在、彼は労災申請を出し、東京電力と闘っている。

東京電力は、お役所並みの縦割り組織であり、原子力部門以外の社員の多くは「原子力がヘマをしたばかりに、何で真面目にやっている我々が割を食うのか」と考えているだろう。したがって、「原子力が起こした事故の後始末は原子力部門がやれ」となり、賠償業務を任された社員が親身になって仕事をする気になれないのは無理もない。

東京電力パワーグリッドの社員に話を聞いたことがある。「パワーグリッドは業績がいいのだから、原子力部門と切り離したほうがいいのでは?」と聞くと、自身も福島第一原発事故に伴う支援に駆り出された経験を語ったあと「いや、そうでもないのです。パワーグリッドだけで東京電力全体の社員の六割を占めている。それほどの業績は上がっていない」「それより計画していた一〇〇万ボルト送電計画が没になった。それに何より、揚水式水力発電所で水を揚げるのに高い火力発電所の電気を使っている。早く原子力に動いてもらわないと困る」と意外な答えが返ってきた。

こういった被害者に寄り添わない損害賠償がまかり通ってしまうのは、東京電力の責任だけではない。もとより、国策として原発を推進して来た政府が損害賠償業務を行うべきところを、「矢面に立ちたくない」との理由で、破綻状態の東京電力を延命させ肩代わりさせているところにも問題がある。

被害者が分断される現実

損害賠償は、政府が定めた避難区域ごとに行われている。この区域割りは、所詮地図上に引かれた線であり、その「線引き」によって被害者は区別あるいは差別されている。線の内と外では賠償金額に大きな差があるのだ。このため、被害者の方々の間には不公平感が生じ、対立や分断が起きている。

被害者の対立・分断は、原発事故のみならずさまざまな損害賠償を伴う公害、事件・事故などに共通して存在するが、それが被害者の切り捨てにつながることも否定できない。福島県では友人や家族といった身近な存在の間でも対立・分断が生まれ、精神的な不安や苦痛にあえいでいる人も多いと聞いている。避難している被害者と地元にとどまっている被害者との間に意識の溝があり、同じ避難している人でも、強制か自主かによって待遇は大きく変わってくる。

具体的にみると、長期避難に伴う慰謝料は帰還困難区域で一人当たり一四五〇万円、避難指示が解除された区域で同八五〇万円、旧緊急時避難準備区域で同一八〇万円、自主避難した人たちは一人最高四八万円と大きな開きがある。

「賠償金でぜいたくしている」。心ない言葉をかけられる。「個々の事情を知らない人たちが印象で話し、悪い話ばかりが広がった。賠償金で身の丈に合わない暮らしをしているわけではない。実態を正しく知ってほしい」。仮設住宅で暮らす人の訴えだ。(二〇一八年三月二日朝日新聞)

そんな被害者の悩みをよそに、政府は国道六号線、常磐道、一部を除くJR常磐線などの交通インフラを復旧するとともに、避難指示解除準備区域と居住制限区域の避難指示を次々と解除している。二〇一七年三月、帰還困難区域を除いて、すべての避難指示が解除された。年間追加被曝線量二〇ミリシーベルト(政府の計算で毎時三・八マイクロシーベルト相当)以下になることが目安とされている。

しかし、これらはあまりにも拙速なやり方である。まず、年間二〇ミリシーベルトという数字に疑問があるが、「復興」のイメージ付けと補償負担の削減を睨んだ施策に違いない。避難解除と補償削減は、あくまでワンセットなのだ。なお、福島第一原発は運転していないものの廃炉作業中であり、「緊急事態」が発生する可能性はゼロではない。その場合に備えた避難計画が、避難解除された自治体では策定されていないことが明らかとなっている。

避難指示を解除したから帰りなさいと言われ、おとなしくそれに従う被害者がどれはどいるのだろう。避難区域は五年以上放置され、除染は行われたが完全ではなく、生活に必要なインフラも不足、そこにはコミュニティとしての機能は存在していない。避難先で苦しみながらも、持ち家を新築するなど生活再建をして来た人たちが、いくら故郷とはいえ簡単に帰還する気持ちにはなれないだろう。たとえば、避難指示が解除されて三年近く経過した楢葉町では、帰還した住民が全体の三割だ。そばには、先が見通せない帰還困難区域があり、その先には福島第一原発がある。やむを得ないことだろう。

避難している人たちに、帰還するかしないかの二者択一を、いとも簡単に迫るのはあまりにも酷である。特に、帰還困難区域に住んでいた人たちに「いつかわからないが、帰れる」といった見果てぬ夢を持たせるのは止めて欲しいものだ。政府の責任で別の場所に、生活環境の整ったニュータウンを作り、希望する人はそこに移住するなど、異なった選択肢を提示することを検討してもらいたいと私は考えている。

一方、福島県は災害救助法に基づき、東日本大震災と原発事故で避難した県民を対象に仮設や借り上げの住宅提供を開始した。しかし、前述のとおり二〇一七年三月末で避難区域外からの避難いわゆる「自主避難者」への提供が終了した。対象者は報道によれば約二万六〇〇〇人と言われている。「自主避難」している人たちの中には、経済的に困窮して、いやでも「帰還」せざるを得ない人もいるだろう。後述するが、前橋地方裁判所の判決で「自主避難」の合理性が認められた。この判断に照らせば、支援を打ち切る福島県の措置は理不尽であり、何とも割り切れない気持ちになる。

二つの損害賠償裁判の判決

「生業を返せ、地域を返せ！福島原発訴訟」

話を損害賠償に戻そう。原発事故の被害者に払う慰謝料などの損害賠償について、東京電力が提示する条件では合意できない、あるいは東京電力に被害を申し出たが賠償されないなどを理由に紛争になる場合がある。この紛争を円滑、迅速、かつ公正に解決することを目的として、二〇一一年八月、文部科学省の原子力損害賠償紛争審査会のもとに原子力損害賠償紛争解決センター（原発ＡＤＲ：Alternative Dispute Resolution）が設置された。原子力損害の賠償に関する法律に基づくもので、文部科学省のほか、法務省、裁判所、日本弁護士連合会出身の専門家らにより構成されている。二〇一八年六月一五日現在で二万三八一七件の申し立てがあり、そのうち一万八〇九五件が和解した。賠償の対象者や金額は政府の指針で決まっているものの、これだけ多くの被害者が東京電力の損害賠償は不十分だと考えており、指針の改定を視野に入れる必要がある。

和解が不調に終わり裁判に発展するケースもある。福島第一原発事故の避難者らが東京電力や国を相手取り慰謝料など損害賠償を求める集団訴訟は、現在約三〇件あり、原告総数は一万二〇〇〇人以上で、請求総額は一〇〇〇億円を下らない。

その中で原告数では最大規模の「生業を返せ、地域を返せ！福島原発訴訟（生業訴訟）」についいて触れたい。同訴訟は、東京電力の過失を争点としていること、法廷内外から情報を発信し続けていることなどから注目されている。ここでは、二〇一四年に福島市で開催されたシンポジウムにおける、生業訴訟弁護団事務局長　馬奈木《まなぎ》厳太郎《いずたろう》弁護士の発言を引用しながら、裁判の概要や意義を紹介する。

「国と東京電力を被告として、原状回復と慰謝料請求を求めている裁判です」

「この裁判は福島地方裁判所に係属し、いまも事故当時の居住地にお住まいの方と事故当時の居住地から避難した方とが一つの原告団を構成しています。原告団は約四〇〇〇名（略）福島県五九市町村の全自治体と、福島県に隣接する宮城県、山形県、栃木県、茨城県に存在」

東京電力のみならず、加害者との観点から国も被告としていること、原告団の居住地は福島県内をすべてカバーしており、福島県では史上最大の裁判であることが特徴として挙げられる。

「この裁判では、今回の原発事故を『未曾有の公害』ととらえ、事故による被害が賠償の問題だけで解消されるわけではないことから、被害や被害を生み出すことがない状態にせよという趣旨で原状回復を求めています。このことを、『放射能もない、原発もない地域を創ろう！』というスローガンで表しています」

「原状回復」とは、元、つまり二〇一一年三月一〇日に戻すことではなく、それでは事故の原因となった原発は存在しており満足できないと考え、放射能も原発もない地域を創ることとしている点に注目したい。

「提訴以来、私たちは国と東電の責任をめぐる議論に全力を尽くしてきました」

「国と東電は、想定外の津波であり、事前に予測することは困難だったと主張しています。私たちは原発の敷地高さを超える津波に襲われた場合には、全交流電源喪失に至りうることを国と東電は認識していたのであるから、今回襲来した津波そのものを事前に予測できている必要はなく、『敷地高さであるO．P．（＊）＋一〇メートルを超える津波が到来し、全交流電源喪失に至る可能性』を認識していればよいと主張しています」

「また、①一九九八年に国自身が策定した津波対策指針である四省庁報告書や、二〇〇二年に国がまとめた長期評価などが、『想定しうる最大規模の地震津波』への対策をもとめていたこと、②一九九一年に福島第一原発で起きた事故から電源に対する被水対策の必要性を教訓として導き得たこと、③東電自らが福島第一原発の津波対策について、一九九七年段階で『余裕のない状況となっている』と評価し、国もそれらの報告を受けていたこと、といった事項があったにもかかわらず、東電は必要な対策をとらず、国も必要な法的規制を行わなかったことは、故意にも匹敵する重大な過失であると指摘してきました」

「そして、こうした主張を裏付けるためにさまざまな報告書や資料を証拠として提出してきました」

（＊）onahama peil 小名浜港基準面：小名浜港の水位を基準とした標高

これらは、証拠に基づいた核心を突く主張であり、国と東京電力の対応が注目された。

「本来であれば事故に関する資料は国や東電が一番多く保有しているわけですから、過失がないと主張するのであれば、国や東電は自ら進んで資料を提出してもよいように思われます」

「しかし、実際には、東電は過失について審理する必要はないと主張し、過失が存するか否かを判断する材料となる津波の試算データなどの開示について、裁判所から開示するよう求められたにもかかわらず一貫して拒否してきました」

ここでも、前述した東京電力の、論点ずらし、隠蔽体質が如実に表れている。

「国は当初、資料がないので試算を指示した事実を確認できないと述べていましたが、私たちの追及にあい、事務官が一部調査を尽くしていなかった書棚から発見された！として、先ほど述べた津波対策について『余裕のない状況になっている』との評価が記された資料を提出しました」

この一件は、「国、試算資料を提出『存在せず』から一転」などと、マスコミで大きく報道された。動かぬ証拠を突き付けられ、もう否定は困難と観念したのかどうかわからないが、東京電力が炉心溶融を判断するマニュアルを事故の五年後に発見した、とする行為と同根であるのは間違いない。


「責任をめぐる同じく重要なもう一つの論点として、被害をめぐる議論があります」

「私たちは、人格権の一つの内容として、『健康に影響を及ぼす放射性物質によって汚染されていない環境で生活する権利』を大人であれ子供であれ有しており、今回の事故で放射性物質が飛散したことにより、この権利を侵害されていると主張しています」

「私たちの主張に対し、国や東電は、人格権侵害は評価できないと反論しています。とくに東電は、私たちが求める原状回復については『仮に技術的に可能であっても費用がかかりすぎるので一企業のみで負担するのは困難』などと述べ、被害が広範に及び被害が大きければ大きいほど、あたかも責任がなくなるかのような主張をしています」

「また、東電は『年間二〇ミリシーベルト以下の放射線被曝は、喫煙、肥満、野菜不足などに比べても、がんになるなどの健康リスクは低いとするのが、科学的見地であり、それを下回る放射線を受けたとしても、権利侵害にはあたらない』『中間指針は相当で合理的な内容を定めている』といった主張もし、『二〇ミリ以下は我慢せよ』という開き直った姿勢を示しています」

「私たちは、国や東電の『責任がない』『金がない』といった主張に対し、被害実態を余すことなく明らかにしつつ、その姿勢を批判しています」

生業訴訟では、原発災害をめぐる訴訟では初めてとなる裁判官による現地検証が二回行われた。一回目は、二〇一六年三月、原告が避難する前に住んでいた帰宅困難区域になっている浪江、富岡、双葉各町の自宅や畜舎などが対象であった。馬奈木事務局長は「裁判官が防護服を着て現地検証に入ったのは歴史上初めてのことです。裁判官は熱心に耳を傾けてくれました。生活圏が分断されている状況も伝わったと思います」と語った。二回目は、二〇一六年六月、福島市の果樹園や仮設住宅などで、避難生活の実態や放射線による生活環境への影響といった被害状況が検証された。

以上のとおり、表では殊勝な振る舞いを見せるのとは裏腹に、賠償金交渉や法廷では傲慢で無責任な態度を取る東京電力である。どちらが本性か、十分おわかりいただけたと思う。被害者救済など、実体のない掛け声だけなのである。

国と東電の責任を認めた前橋地裁判決

前述の生業訴訟に先行して、福島第一原発事故で福島県から群馬県に避難した住民ら四五世帯一三七人が、国と東京電力に約一五億円の損害賠償を求めた集団訴訟の判決が二〇一七年三月一七日、前橋地方裁判所において下された。

原道子裁判長は「東京電力は二〇〇二年に敷地を超える高い津波の到来を予見できたのに、対応を怠った。国も津波の予見が可能であった状況下で、対策をする命令を出さなかったのは違法」と指摘。怠慢がなければ事故は防ぐことは可能だったと認め、国と東京電力に対し、原告六二人に計三八五五万円を支払うよう命じた。原発事故関連の訴訟で国の違法性や、国や東京電力が津波予見可能であった、すなわち両者の責任と認定したのは初めてで、画期的な判決と言える。全国で提起されている同様な訴訟で初の判決だったが、生業訴訟も含めそれらに与える影響は大きかった。

判決は、政府の地震調査研究推進本部が二〇〇二年七月、福島沖でもマグニチュード八クラスの津波地震が起きる可能性がある（三〇年以内に二〇パーセント程度の発生確率）と指摘した長期評価を、「津波対策の上で考慮しなければならない合理的なものだった」と指摘。東京電力はこの数カ月後には非常用電源が浸水するような津波を予見することができたとした。二〇〇八年五月ごろ、福島第一原発に到来する津波が最大一五・七メートルと試算している点を挙げ「実際に津波を予見していた」

と判断した（実際三・一一に福島第一原発に襲来した津波は最大一五・五メートル）。これは、国会事故調査委員会や民間の検証委員会でも同様に指摘されていたことである。

また、配電盤や非常用発電機を高所に設置すれば事故は防止でき、対策も怠ったとして「経済的合理性を安全性に優先させたと評されてもやむを得ない。特に非難に値する」と批判した。

一方、国の責任について、二〇〇二年には大規模津波を予見できたとし、「東京電力による自発的な対応は期待困難だった」としたうえで、二〇〇七年八月東京電力が耐震指針の中間報告を出した時点で自己防止対策を命令すべきであり、それをしなかったのは違法とした。

これらの事実関係から、司法が、東京電力はもちろんのことであるが、国の責任も認めたことは重く受け止めるべきである。国策で推進してきた原発政策に不作為があり、原発政策そのものが否定されるに等しいのかもしれない。

「笑顔なき一部勝訴」

原告側が「被害の実情を反映していない」と批判する東京電力の原発賠償基準である国の「中間指針」については「賠償を迅速、公正に実現するために策定された」として一定の合理性を認めたうえで、原告個別の被害を精査すべきとした。結果、指針を超える被害があった避難指示区域内からの避難者一九人と区域外からの自主避難者四三人の請求を一部認め、一人当たり七万円～三五〇万円の賠償金額の上積みを認めた。なお七二人の請求は棄却された。

原告団は、国と東京電力の責任を認めた判決の意義は大きいとしながらも、約一万億円の請求に対して、認められた賠償金額は約三八〇〇万円と程遠いものであった。賠償金については、「不本意」「もっと寄り添ってくれる判決を期待していたのに」と落胆の言葉が聞かれたという。

この判決について、生業訴訟の弁護団の馬奈木事務局長は「自主避難の人たちがとった行動の合理性を認めたことに意味がある。後続の裁判でも国の責任が認められれば、帰還政策の妥当性が問われる」と朝日新聞でコメントした。また、自身のフェイスブックでは次のとおり冷静な意見を述べている。

「幸い、私も法廷で傍聴させていただくことができました。（判決終了後の報告集会では、連帯の発言の機会もいただきました）

二〇〇二年の『長期評価』が無視しえない知見であるとし、信頼性を認めたうえで、国の責任を明確にしたことは重要です。

また、いわゆる『自主的避難者』と称される方々の避難という選択に対して〝承認〟を与えるものであったことも貴重な成果だと思われます。

同時に、損害額の評価が低額にとどまったのは、民法の適用を否定し、過失を要件としない原賠法に基づく算定にとどまったことにも一因があると考えられます。

なにより、番号で呼称されざるを得なかった方々のこの間の被害に、原告番号のその先に生身の人間の生活と被害と苦悩があったことに、どれだけ裁判所が真摯に向き合うことができたのかについては大いに疑問があります。

原発事故の被害の本質と特徴をどうとらえ、どう評価したのか。いわば被害に関する総論なき各論（損害額）だけの判決とも評せるのではないかと思います。

『笑顔なき一部勝訴』との見出しがありましたが、その通りだと感じました。

今日の判決の成果と課題を、被害者の方々の想いを前提としたうえで、過大評価することも、過小評価することもなく、冷静に検討していく必要があります」

「過大評価も過小評価もしない」馬奈木弁護士らしいコメントだと思う。また、周囲からの批判を恐れ、原告が実名を明かさず番号で呼称されざるを得ない状況には驚き、社会の非情さを痛感させられる。「原発事故の被害の本質と特徴をどうとらえ、どう評価したのか」の疑問には私も同感である。

「生業裁判」の勝訴と判決

二〇一七年一〇月一〇日、ついに生業裁判の判決が言い渡された。

提起以来四年以上原告の人たちはさまざまな苦労を味わってきた。そのうえ、三月二一日の結審から半年以上待たされた判決である。

結果は、一〇〇％とは言えないまでも原告の人たちの苦労が報われる画期的な勝訴だった。

以下に原告団・弁護団の声明を引用する。

一、国の法的責任と東京電力の過失

判決は国の法的責任と東京電力の過失も認め断罪した。

判決は、

1、国が二〇〇二年の地震本部「長期評価」等の知見に基づき二〇〇二年末までに詳細な津波浸水予測計算をすべきであったのにこれを怠ったこと（予見義務）。

2、予測計算をすれば、福島第一原発の主要敷地の高さを越える津波が襲来し、全交流電源喪失に至る可能性を認識できたこと（予見可能性）。

3、非常用電源設備は「長期評価」から想定される安全性を欠き（略）技術基準に適合しない状態になっていたこと（回避義務）。

4、二〇〇二年末までに国が規制権限を行使し、東京電力に適切な津波防護対策をとらせていれば、本件津波による交流電源喪失を防げたこと（回避可能性）。

をいずれも認めた。また、必要な津波対策をとらなかった東京電力についても過失があったと認めた。

本日の判決は、安全よりも経済的利益を優先する「安全神話」に浸ってきた原子力行政と東京電力の怠りも法的に違法としたものであり、憲法で保障された生命・健康そして生存の基盤としての財産と環境の価値を実現する役割を果たすものとして、今後の司法判断の方向を指し示すものと評価される。

二、被害者救済の範囲と水準

判決は、被告らの「年間二〇ミリシーベルトを下回る被ばくであれば健康リスクは極めて小さい」「原告らの被害は、科学的根拠のない危惧不安のたぐいにすぎない」などの主張について、放射性物質による居住地の汚染が社会通念上受認すべき限度を超えた平穏生活侵害となるか否かは「低線量被曝に関する知見等や社会心理学的知見等を広く参照したうえで決するべき」との理由で退けた。

そのうえで、(略) 平穏生活権侵害による慰謝料について、本件原告三八二四名のうち約二九〇七名の請求を認め、陪審の (略) 賠償対象地域よりも広い地域について賠償の対象とし、かつ既払の賠償金に対する上積みを認めた。

しかし、避難者原告のうち帰還が困難となった原告らが求めていた「ふるさと喪失慰謝料」についてはは実質的にこれを認めなかった。

原告らが居住していたすべての地域について救済の対象とする判断ではなく、また上積みの額についても原告らが求めていた水準に達していない地域もあり、その点は極めて不十分である。判決は権利侵害性の判断枠組みについては国や東京電力の被害隠しの主張を明確に退けたものの、実際の損害認定については、現地検証、原告本人尋問等で明らかにしてきた原告らの被害実態を正しく反映したとは到底評価できない。

しかし、原告ら被害者に対する権利侵害を認めて、賠償の対象地域の拡大や賠償水準の上積みを認めた点は原告らのみにとどまらず広く被害者の救済を図るという意味においては一歩前進と評価することができる。

三、原状回復請求について

原告らが求めた原状回復請求については、判決は「本件事故前の状態に戻してほしいとの原告らの切実な思いに基づく請求であって心情的には理解できる」と理解を示しつつ、「求める作為の内容が特定されていないものであって不適法である」として、これを棄却した。

この点は非常に残念であると言わざるを得ないが、現在の裁判実務において裁判内容を具体的に特定しない作為要求が認められることは技術的に困難な部分があり、現在のわが国の司法判断の限界を示しているとも言える。原告らは、今後も、「もとどおりの地域を返せ」という被害者の正当な要求を実現するため、迅速かつ実効的な原状回復を求めて、法廷内外で奮闘していく。

四、訴訟団の原点とたたかい

私たち生業訴訟団は、次の要求の実現を求めている。

1、二度と原発事故の惨禍を繰り返すことのないよう事故惹起についての責任を自ら認め謝罪すること。

2、中間指針等が最低限の賠償を認めたものにすぎないという原点に立ち、中間指針等に基づく賠償を見直し、強制避難、区域外（自主的）避難、滞在者などすべての被害者に対して被害の実態に応じた十分な賠償を行うこと。

3、被害者の生活・生業の再建、地域環境の回復及び健康被害の発生を防ぐ施策のすみやかな具体化と実施をすること。

4、金銭による損害賠償では回復することができない被害をもたらす原発の稼働の停止と廃炉。
原告団・弁護団は、本日の判決を力にして、これら四つの要求の実現に活かす活動に踏み出す。（以下略）

声明のとおり、国の責任を認め、賠償の対象範囲を拡大した点では画期的な判決だったと考える。ただし、東京電力の責任が国のそれに比べ軽いものとなっていることは残念である。しかし、大津波が予見できたとの判断は大きな進歩であった。

馬奈木厳太郎弁護団事務局長は、判決について、月刊『住民と自治』において、国の責任を認めたこと、救済範囲を広げたことを強調した上で、

「原発を扱う以上危険を予見したならば『万全の対策を講じなければならない』ことは大変貴重な判断である」

と述べている。また、

「この判断は、再稼働を進める国の姿勢にも一石を投じるものである。というのも、新規制基準は避難計画など住民の安全確保を含んでおらず、万全な対策を講じていないからだ。安全性よりも経済的利益を優先させる姿勢に警鐘を鳴らす判決である」

と評価している。

さらに、原告・被害者双方が控訴した第二審では「原状回復、原告にとどまらない被害者全体の救済さらには脱原発を求めて、引き続き全力を尽くす」としている。

この馬奈木弁護士の考え方について、まったく異論はない。

今後も支援していきたい。

馬奈木厳太郎弁護士とは、福島第一原発事故を題材とした映画「あいときぼうのまち」（福島に生きる、東京電力に翻弄された四世代家族のドラマ）上映時のトークショーで初めてお目にかかったが、その前にもFMラジオで生業訴訟のことをお話しされているのを聴いて、すぐに「原告団に入りたい」と電話をした（福島あるいはその近郊在住でないため無理だったが、呼びかけ人の一員となった）。

馬奈木弁護士は、優しい口ぶりで人当たりが良く、お酒は口にしないが饒舌で話は面白い。その一方で正義感あふれる気骨の人物であり、モットーの一つは不安や悩みを抱えている人たちと、とことん一緒になって悩んで考え抜くことである。

彼は原告や新たに原告団に加わろうとしている人たちへの説明などで、福島県内はくまなく足を運んでおり、往復の新幹線の費用だけでも二〇〇万円を超え、すべて自己負担していると話していたのが印象的だ。それだけ、福島の人たちのために必死で闘っている姿に感銘を受け、私も「生業訴訟」にはいささか協力している。よく「福島県民に寄り添う」と口先だけの政治家がいるが、私の知るかぎり、馬奈木弁護士は最も福島県民に寄り添っている人と断言できる。なお、御父上の馬奈木昭雄氏は、九州を拠点として、熊本の水俣病やカネミ油脂事件の被害者の救済にかかわられ、現在も玄海、川内原発の問題で活躍されている著名な弁護士であり、厳太郎氏はその血を引いているのだと推察する。

除染は移染にすぎず

除染に関わる国の基本方針

福島県などで行われている除染作業について、主管官庁である環境省のホームページに以下の記載がある。

「放射性物質汚染対処特措法に基づく基本方針においては、土壌等の除染等の措置については、まずは人の健康の保護の観点から必要な地域について優先的に実施することとしています」

「除染の基本方針

1．自然被曝線量及び医療被爆線量を除いた被曝線量（以下「追加被曝線量」という。）が年間二〇ミリシーベルト以上である地域については、当該地域を段階的かつ迅速に縮小することを目指すものとする。ただし、線量が特に高い地域については、長期的な取り組みが必要となることに留意が必要である。この目標については、土壌等の除染等の措置の効果、モデル事業の結果等を踏まえて、今後、具体的な目標を設定するものとする。

2．追加被曝線量が年間二〇ミリシーベルト未満である地域については、次の目標を目指すものとする。

ア 長期的な目標として追加被曝線量が年間一ミリシーベルト以下となること。

イ 平成二五年八月末までに、一般公衆の年間追加被曝線量を平成二三年八月末と比べて、放射性物質の物理的減衰等を含めて約五〇パーセント減少した状態を実現すること。

ウ 子供が安心して生活できる環境を取り戻すことが重要であり、学校、公園など子供の生活環境を優先的に除染することによって、平成二五年八月末までに、子供の年間追加被曝線量が平成二三年八月末と比べて、放射性物質の物理的減衰等を含めて約六〇パーセント減少した状態を実現すること」

要するに汚染地域を「除染特別地域」と「汚染状況重点調査地域」との二つに分け、前者は環境省主導で、後者は市町村がそれぞれ除染作業を行うというものだ。除染は、土壌、住宅、道路、田畑、森林、校庭などの広範囲にわたるが、広く存在する森林地帯については家のそばの森林のみであり、その他は対象外となっている。このため、除染作業後に風雨などによる再汚染の心配もある。ここで断っておきたいのは、除染を「汚染の除去等」と称しているが、作業により放射性物質を消滅させることは不可能であり、正確には「移染」にすぎないということだ。

ゼネコンは建設と後始末の両方で儲けている

除染の具体的な作業内容は、高圧洗浄、ブラシ洗浄、拭き取り、側溝清掃、枝葉の剪定、除草、表土除去、落ち葉・腐葉土の回収ほか多岐にわたる。このため、多くの人手と膨大な費用が必要となる。現在まで、除染関連費用として総額約三兆円以上が支出されたと言われる。

この費用は、環境省がいったん立て替え東京電力に請求することは前述した。たとえ東京電力が支払ったとしても、いずれは私たちが払う電気料金としてそのツケが回ってくることになる。

除染特別地域内での除染関連業務は環境省福島環境再生事務所（現福島地方環境事務所）が、汚染状況重点調査地域では発注元となる各市町村が、それぞれ発注先を競争入札制度により決定している。ほとんど大手ゼネコンが共同で落札している。原発の建設で利益を得たゼネコンが事故の後始末でも儲けている図式だ。除染作業には、膨大な費用が投入されていることから、特に福島県では、巨大な雇用を生んでいる。別の言い方をすれば、除染は莫大な雇用吸収力のある産業ともいえる。これを「除染ゴールド・ラッシュ」と呼ぶ人もいる。

形式的には元請けはゼネコンであるが、実際の作業は、下請け・孫請けの作業員が行っている。これにより、作業員の待遇や資質が問題視されることがあった。たとえば、環境省と元請けとの間の契約では、除染特別地域での除染作業に対して、放射線が高線量地域のため、作業員には労賃に加え特殊勤務手当が支払われることになっているが、それが支払われていない実態が明らかになった。いわゆる、ゼネコンの「ピンハネ」である。

また、作業員が集めた土砂や草木を川に流している不正行為も報じられた。さらに、出稼ぎ作業員により地元の風紀が乱れている例もあると聞く。人が好んでする作業ではないので、どうしても求人は雑になるだろう。現在もパソコンで「除染」を検索してヒットする求人サイトはあまたある。このため作業員の身元の確認が徹底されないことなどがその背景にある。

最近、ゼネコンが、ベトナムなどからの外国人技能実習生に実習計画にはない除染作業をさせていたことが明らかとなり、問題となった。

こういった一連の除染作業により、福島県では何が起きているか。確かに放射線量率は低下しただろうが、福島市などでは取り除かれた土などの除染廃棄物が、地中に埋められたまま、あるいは仮置き場に置かれたままである。福島第一原発近くでは、黒い大量のフレコン（フレキシブルコンテナ）バッグが、いたるところにうずたかく積まれている。

除染廃棄物は、大熊町と双葉町に建設される中間貯蔵施設に移送される予定になっている。最終処分先があってこその中間貯蔵施設のはずだが、最終処分先はない。三〇年間中間貯蔵している間に決めるというがまったく先は見通せない。

この状態で環境省は、二〇一六年六月、福島県内の汚染土などの除染廃棄物について、放射性セシウム濃度が八〇〇〇ベクレル／キログラム以下であれば、「遮蔽および飛散・流出の防止」を行ったうえで、公共事業の盛り土などに限定して再利用する基本方針を決定した。除染廃棄物は最大二二〇〇万立方メートルになると見込まれるが、できるだけ再利用して処分量を減らしたい意図がある。

しかし、原子炉等規制法では、制限なく再利用できる（クリアランス・レベルという）のは一〇〇ベクレル／キログラム以下と定められており、同法との整合性を疑問視する声や汚染の全国への拡散との批判が上がっている。

これだけ大掛かりに行われている除染作業だが、その結果、住民が安心して帰還できるまでのレベルに達しているかといえばそうではない。本気で帰還を目指すのであれば、さらなる費用や人手が必要となるに違いない。政府はそこまで考えているのだろうか。表面上は「復興」であろうが、福島県における「本格復興」は岩手県や宮城県に比べて二年以上遅れている。いつになったら、それに着手できるのか大きな問題が取り残されたままである。

事故の風化・矮小化を憂う

吉田昌郎福島第一原発所長は英雄か

ここに来て、福島第一原発事故に関する報道は激減している。二〇一六年八月、迷走した台風一〇号が記録史上初めて東北地方の太平洋側へ上陸した。福島県沿岸に接近しているにもかかわらず、福島第一原発への影響に触れるマスコミはほとんどなかった。現場には、大量の汚染水や解体途中の一号機建屋カバーなど、強風・雨に対する懸念材料があるのにだ。台風通過後も関連する報道に触れた記憶はない。事後、凍土壁が溶け地下水が急上昇したとの報道はあったが。

また、東日本大震災の余震が、いまだに福島原発沖で頻発している。

知り合いのテレビ局社員に聞いたことがある。「福島第一原発ものは数字が取れない。最近は、映像などを専ら海外に売っている」。驚いたが、合点がいく面もあった。福島第一原発事故の追跡報道をしているのは、海外マスコミ（特にドイツ）だけだ。その内容は、ネットで見て初めて知る情報もある。

吉田昌郎福島第一原発所長（当時）を「最悪の事態を回避した」と、再び英雄視する報道がある。後述するが、吉田氏は私の同僚だった。彼は、想像を絶する事態の中で最善を尽くしたという点は評価できる。しかし、結果的に炉心溶融、放射性物質の大量放出を招いているだけに、決して英雄視することはできない。

また、福島第二原発に着目し、第一と同じ津波が襲来したのに危機を脱したとして、当時の発電所長だった増田尚宏氏のマニュアルにもない機転の利いた行動を礼賛する報道が散見される。もし、福島第二が炉心溶融を起こしていたならば、日本は壊滅していただろうとの筋書きだ。この報道にも頷けない。第一の設計と第二のそれとでは、一〇年程度の差がある。建屋の水密性など、安全設計はその分第二の方が進歩していると言える。何より、第二では外部電源（送電線）つまり交流電源が使用可能だったことや、非常用電源が一部使用可能だったことが大きな違いだ。電源ケーブルを人海戦術により徹夜で接続した功績は認めるが、まことしやかに奇跡だというのは疑問だ。殊更に第二の無事を強調し、第一の事故を矮小化するのは誤りである。

福島第一原発事故を風化させ、あるいは矮小化させ、一方で復興を際立たせることにより、事故の記憶を希薄にし、なかったことにする。これで、原発再稼働の環境が整う。そんな政府の思惑が透けて見える。マスコミが政府の意向を忖度し、自己規制やある意味で偏向した報道を行っているとしたら、由々しきことである。

出世コースを歩んだ吉田昌郎氏と挫折した私

東電で吉田（以下、敬愛の意も込めて敬称を省く）と同期だったというと、多くの人が興味深げに「どんな人だったんですか？」と聞いてくる。前述のとおり私は「吉田＝ヒーロー」視には与しないが、別に仲が悪かったわけではない。そこで、少しまとめて、等身大の吉田について書こうと思うが、その前に私自身のことについて少し述べる。

修士だった吉田とは入社年度は異なるが、年齢は同じであることから、待遇的には同期として扱われたと思う。現場では、吉田は福島第二原発、私は福島第一、本店では、吉田は既設原発の管理部門、私は建設部門と、なかなか仕事を共にする機会はなかった。

ようやく、副長（係長）時代、同じ役職として仕事を共にすることになった。平成元年（一九八九）のことである。そのころまでは、私も吉田も同じように昇進・昇格していたが、その後は大きく異なる。吉田は順調にエリートコースを歩んだのに対し、私は中途で脇道に大きくそれ、出世コースから外れてしまった。ハナから出世願望など微塵もなく、たとえその気があったとしても無理な話であることはわかり切ってはいたが。

脇道へ行った大きな原因は、異動命令の拒否である。

吉田と仕事をしていた時代、実は私は「うつ病」にかかってしまった。柏崎刈羽原発六、七号機の第二次公開ヒアリングにおける激務による疲弊と、人間関係が原因だった。私は、課長と副部長の間の席に座っていたのだが、この二人の仲がすこぶる悪かった。このため、お互いのコミュニケーションはすべて私を介して行われた。「怒っていると伝えておけ」とか、「何をいうのですか、と回答してくれ」とか、それは呆れ果てるほどだった。

また、課長はまったくデリカシーのない人で、「あれをこうしておけ」と、すべて以心伝心で上手くいくと考えていたようだった。そこで、こちらで忖度して仕事をするのだが、結果は「君は、私のいうことがわからないのか」と叱責される。その繰り返しだった。

そうこうするうちに、寒気、疲労感、倦怠感、脱力感、睡眠障害、興味の喪失など心身ともに大変調を来たしてしまったのである。人間ドックを受診しても異常はない。つまりフィジカル的には問題はなかった。しかし、体調は悪いため、ありとあらゆる病院へ足を運んだ。東電病院では、「頑張れ」と肩をたたかれ、慈恵医大病院では「これ以上、私にどこを診ろというのか」と医師に逆ギレされる始末だった。

西洋医学は当てにならないと、鍼灸、整体、マッサージ、カイロプラクティック、ありとあらゆる療法を求め、いってみればさまよい歩いた。良化しないままようやく辿り着いたのが、とある心療内科だった。今でこそ「うつ病」は広く認知され、心のケアが大切であることが共通認識となり、受け入れ側の心療内科が多数存在する。当時はそうではなく、心療内科など都内でも数えるほどしかなかった。しかも、病名は、他人には見た目で症状が理解されにくいことから「仮面うつ病」と呼ばれていた。

本当に自殺を考えるほど辛かった。医師には「当分会社を休め」と勧められたが、「それは無理です」と答えると、「じゃあ、行ってもいいが、何もするな」と指示された。そのうち、抗うつ剤の投与により驚くほど体調が回復したため、その医師が神様のように思え、「理解者はこの先生だけだ。絶対に離れることはできない」と絶大の信頼を寄せた。

医師のそばにいたいので遠隔地への異動は勘弁して欲しい、と上司に伝えていた。通常であれば、本店の副長から現場の課長へと異動するのだが、私は都内の電力中央研究所というところへ異動（出向）となった。そこでも同様に遠隔地への異動拒否を貫いたのだが、突然、転居が必要な場所への異動が内示された。東京電力では、突然人事異動の内示があり一週間以内に赴任するというずいぶん乱暴なやり方が取られていた。

「あれほどお願いしていたのに、冗談ではない」と、夜にもかかわらず人事を取り仕切る東京電力の部長に直接電話をした。事情を話すと「善処する」と回答があり、異動は凍結された。しかし、その部長は私のことを「非常識、無礼でとんでもない奴がいる」と激怒していたと、後で間接的に聞いた。この一件で私の未来は潰えたのである。

私をうつ病に追い込んだ課長「リポちゃん」

今、振り返ってみると、家族揃っての福島での生活がわが家庭にとって最も充実していた時期だった。それも束の間、約二年で本店へ戻ることになったのは前述した。実はそこから、悪夢のような時間が始まった。

本店では、一つのフロアに多くの人員を詰め込んでいたため、職場環境は劣悪だ。これは私だけではない（部長以上を除く）。そして、何をおいても、一番の問題は、私をうつ病に追い込んだ、前述の課長の存在だった。東京大学出身のエリート（彼がそう思っていただけかもしれないが）、とにかく変わった人だった。

通産省による柏崎刈羽原発の安全審査ヒアリング（詳細は後述）において、出されたコメントはできるだけその場で片づけて社に持ち帰らないようにするのが常識だが、彼はすぐに「追って回答いたします」と相手にいい顔をする。帰社すると「速やかに回答を作成せよ」と私たちに発破をかけるだけ。

東京電力側から二〇人以上が参加する大規模なヒアリングがあったときのことだ。ヒアリングが長引き夕食の時間帯になってしまった。「夕食を手配しましょうか？」と課長に問うと、なんと「大勢だから先方だけに出せ」と信じられない答え。疑問に感じながらも、それに従い「うな重」を注文した。しかし、通産省側は目の前に供された「うな重」に口をつけようともしなかった。当然だろう。ヒアリング終了後、同席していた副部長が「誰だ！今日の夕食を注文したのは」と怒鳴っていた。「私です」と名乗り出ると「何を考えているんだ」と叱責された。「課長の指示に従っただけです」と言ってはみたものの無駄なこと。課長と副部長の仲は既述のとおり。課長への怒りを私に向けていただけのことである。「何と非常識な課長か」と、皆がそう思っていた。

柏崎刈羽原発六、七号機の第二次公開ヒアリング（詳細は後述）が近づくと、徹夜作業は当たり前だった。そのころ仲間内では「暗いうちに帰りたいなあ」というのが決まり文句になっていた。

あるとき、珍しく課長が「みんなご苦労さん差し入れだ」と言って、リポビタンDを買って来た。「どういう風の吹き回しか」と職場は不思議な雰囲気に包まれた。「誰がそれに手を付けるのか」注目されたが、午後八時過ぎ、課長が「先に帰る。頑張ってくれ」といったあと、冷蔵庫を開け、リポビタンDを一気に飲み干し、事務所を出て行った。皆が唖然とした。いの一番に飲んだのは、買ってきた本人だった。その日だけではなく、毎日のように、リポビタンDを飲んでから帰宅する。「何のために飲んでいるの？」。それからというもの、課長は「リポちゃん」と影で呼ばれるようになった。また、呆れたことにリポビタンDは、自腹ではなくしっかり経費で落とされていたのだった。

このような日々が続き、福島で禁煙したはずが、また吸い始め以前よりもヘビースモーカーとなってしまったのだった。

江戸っ子風関西人だった吉田所長

吉田の話に戻る。

吉田は順調に出世し、社長の椅子には届かなかったが、福島第一原発の所長にまで登りつめた。当然のことながら私とはだんだんと疎遠になっていった。吉田は大阪生まれで、文字通り、義理人情に厚く、阪神タイガースの大ファンであったが、べらんめえ口調の江戸っ子風気質も兼ね備えていた。

吉田は競馬好きだった。当時はシンボリルドルフやミスターシービーが活躍しており、やがてオグリキャップ・スーパークリーク・イナリワンの平成三強が出現し、最大の競馬ブームが訪れることになる。

当時、私は（学生時代に痛めつけられた反省から）競馬から離れていたため馬券を購入することはなかったが、吉田からはレースの推奨馬をたびたび聞かされていた。彼がどれくらいの金額を馬券に投じていたか聞いたことはなかったが、性格からして本命党、穴党どちらでもなく、自身の決めた馬を信じてドカンと賭けるタイプだったと思う。

硬軟兼ね備え、頭脳明晰、知識・技術も豊富、上司も含む人付き合いに長けた江戸っ子風関西人。吉田は完璧な人間であり、決して私のように人間関係で悩むことなどなかったであろう。だからこそ、私と吉田とは腹を割って一献傾けるという関係にはならなかった。どうしても吉田に取っつきにくさを感じてしまうのだった。エリートに対する劣等感なのか、すぐに誤りを指摘されそうで、それを恐れるためなのか、うまく分析できないが、吉田とはプライベートでも親しくするという仲にはなれなかった。

吉田は、東京電力入社時、当時の国家公務員上級試験甲種に合格しており、通産省（現経産省。以下同）への入省も内定していたことが社内で話題になった。あえて東京電力を選択したわけだが、そのころからひときわ異彩を放っていた。一言で表すと豪放磊落な性格。関西弁で、それも論理的にまくし立てられたら、たとえ上司であっても反論できる人はおそらくいなかったであろう。一八〇センチメートルはある長身、やや猫背が特徴的な姿で、相手が通産省の役人であってもズバッと正論を吐く圧倒的な存在感があった。

吉田は東京工業大学出身であるが、母校に対するプライドは人並ならぬものがあったようだ。いつだったか、彼が師と仰ぐ同窓の部長がいよいよ取締役就任かと噂されていた矢先、結果は社外への異動で、取締役には他の東大出身者が抜擢された。それを聞いた際の吉田の反応が忘れられない。

「くっそー！　なんでやねん！」

吐き捨てるように怒っていた。やはり東工大ではダメかと、そうはっきりは言わなかったものの、吉田の内心は推し量れた。東大に対するライバル意識には相当なものがあった。

こよなく愛した「カメラ」と「バージニアスリム」

もう一つ印象的なのはカメラの趣味だ。写真撮影はもちろんのこと、カメラそのものにもこだわりを持っていた。ある日、職場の同僚が一眼レフカメラ、CANONのEOSが欲しいと言っていた。ちょうど私はそれを所有しており、あまり使っていなかったことから、譲ることで話がついた。しかし、両者の間でなかなか値段に折り合いがつかなかった。

そのとき、「カメラのことは吉田に聞け」との言葉を思い出した。現物を持ち、買い手とともに吉田の元へ行った。「査定」してもらいたかったのだ。吉田はカメラを手に取りチェックした後、一言「三万五〇〇〇円」と言った。それを聞いて、両者は納得し、商談は成立した。それだけ、吉田のカメラに関するうんちくの深さは誰もが認めるところだった。そもそも、七、八万円で購入したカメラで、私は五万円、同僚は二〜三万円を提示。相場がわからず双方で話がまとまらなかった状況が一瞬で解消した。

私と吉田は同じ喫煙仲間だった。分煙化が進んだ後は、喫煙室でよく一緒になったものだ。

彼は、どちらかといえばヘビースモーカーの部類だったと思う。愛煙する銘柄は、意外にも若い女性が好んで吸う「バージニアスリム」のメンソール。当時、男がそれを喫うのは珍しかったが、考えようによっては細見で長身の吉田には、細くて長い「バージニアスリム」は似合いの煙草だったのかもしれない。

吉田の死因はストレスだろう

吉田は食道がんのため死去した。一部でこのことと被曝線量を関連付ける言説があったが、彼の事故対応による被曝線量は約七〇ミリシーベルトだとされ、放射線の影響によるものとは考えられない。個人差はあるものの、私が数年で一〇〇ミリシーベルトを浴びていることを考えれば、因果関係がないことはいわずもがなではないだろうか。

前代未聞で凄惨な事故への対応による心労は想像を絶するものであり、それにより吉田は極度のストレスを抱えていたと私は考えている。

吉田が奮闘しているときに、私はすでに東京電力を去っている立場だったが、短い時間だけでも苦楽を共にした吉田に対し、この場を借りて改めて哀悼の意を表するとともに、謹んでご冥福をお祈りするものである。

第3章

柏崎刈羽原子力発電所
六、七号機の再稼動は論外

再稼働をもくろむ東京電力と地元新潟県の動き

新潟県内で再稼働の布石を打つ東京電力

私は、一九七七年四月の入社から二〇〇九年六月の退職まで、東京電力で一貫して原子力に携わってきた。原発はもちろんのこと、核燃料工場、再処理工場、放射性廃棄物処分場、プルサーマル、高速増殖炉など核燃料サイクルに関わる一通りの仕事はした。東京電力という会社は一部の部門を除いて、スペシャリストを育成しない傾向にある。特に私のような電気工学専攻者は、いわゆる「便利屋」と言われ、何でもやらされた。このため、原子力に関して全般的な知識は身に付けているものの、一つのことを極める領域までは達していない。つまり、「広く浅く」学んだと自覚している。

二〇一一年三月一一日、福島第一原発事故が起きた日、私は鎌倉市にいた。当地は停電しており、電車は不通で「帰宅難民」となってしまった。午後九時過ぎにようやく電気が復旧し、地震後初めてテレビを見た瞬間、腰が抜けそうになった。東北地方の大津波による悲惨な状況はいうまでもないが、テレビ画面では大津波警報発令地域が赤色で表示され、福島県沿岸部をすっぽり覆っていたからだ。こんな光景は見たことがない、思わず「やばい」と叫んでしまった。その日、福島第一原発の情報は伝えられなかったが、翌日以降はご存じのとおりである。私の悪い予感は的中してしまった。

私は、もう東京電力の人間ではないため、事故対応をしっかりやってくれたなら、それを見守り黙っていようと考えながら、日々の報道に接していた。しかしながら、東京電力のやることなすことすべてが、私の期待を裏切るものだった。私が現在のスタンスを取るようになった理由はそこにある。

東京電力柏崎刈羽原発六、七号機の再稼働など論外としたのは、一言でいえば解決すべき借金、汚染水、廃炉、賠償などの問題が山積しており、東京電力にその資格も余力もないからだ。また、泉田元知事の言葉を借りれば、東京電力はモラルハザードを起こしている会社で、安全文化も壊れている。

本章では、前半で、再稼働を目指す東京電力の問題点と、主に知事選を中心とした地元新潟県の動きを述べ、後半では東京電力柏崎刈羽原発六、七号機の問題点をハードとソフト、両面から、深く掘り下げていく。

東京電力は福島第一原発事故後、事故のおわび、計画停電の告知、節電の要請を除きCMを自粛してきたが、二〇一五年四月に新潟事務所を新潟本社に格上げし、柏崎刈羽原発七号六、七号機の再稼働に向けた広報体制を強化したのを機に、同年六月から新潟県内限定でCMを再開した。

そのテレビCMの一つは、「どんな状況にも対応できるよう訓練に全力を注ぎます」と、福島第一原発事故の教訓を踏まえ、柏崎刈羽原発での過酷事故に備えて万全を期していることをアピールするもので、出演するのは実際の東京電力社員である。現在、一本三〇秒のテレビCMを県内の民放四局がそれぞれ月六〇～八〇本程度放送しているという。その他にも、ラジオ、新聞、雑誌にも広告を出している。東京電力は、新潟県内での宣伝費を公表していないが、地元紙の新潟日報に五回掲載された全面広告は一回一〇〇〇万円とも噂されている。これについて『原発プロパガンダ』（岩波書店）の著者であり、元博報堂社員として原発関係のCMなどを担当していた本間龍氏の話によれば、「東京電力は『値切り交渉』を一切しない。すべてこちらの言い値で受ける」。金に糸目は付けないのだという。

そう聞くと一回一〇〇〇万円もまんざら嘘でもないと頷ける。

実は、新潟県内には未だに二六〇〇人を超える福島県からの避難者がいる。テレビCMを見た避難者からは、

「福島県民の心情を察してくれているなら、CMは作らないはずだ。福島の存在を否定され、見捨てられたような気持ちになった」

「新潟でだけ流しているのは、柏崎刈羽を再稼働させる気でいるからだ。東電はお金の使い方

を間違えているのではないか。CMに使うぐらいなら、避難している人たちへの支援に使ってほしい」

などと批判され、顰蹙を買っている。明らかに福島県民を愚弄するものであり、批判はもっともなことだ。

柏崎刈羽原発再稼働に必要な新潟県民の理解を得ることが目的と取れるが、東京電力新潟本社の木村公一代表（当時）は「新潟県全域の方に、原発の安全対策について情報提供をするためだ。会社のPRではない」と否定している。

何があった？ 泉田元知事の不出馬

CMのほか、東京電力は新潟県内で市町村長との面談や戸別訪問を繰り返している。表向きは福島第一原発事故対応、福島復興としながら、新潟県内では「ローラー作戦」により柏崎刈羽原発再稼働の布石が着々と打たれている。

東京電力にとって目の上のたんこぶは、当時の泉田裕彦新潟県元知事であったことは誰もが認めるところである。その泉田氏が突然、四選には臨まないと発表した。これには、驚いた。

報道では、新潟日報との確執が原因とされているが、信じられない。新潟日報という地方紙との争いで知事選出馬を撤回するとは考えにくいからだ。さまざまな圧力に臆することなく、東京電力に対し正論をぶつけてきた泉田氏らしくない。「泉田さんは反東京電力だが反原発ではない」とする人がいるなど、詳細は不明だが、何らかの力学が作用したのでは、と勘繰るのは私だけではないだろう。

泉田氏不出馬の報を受け、両親、地元の友人たちから、あるいはSNSを通じて、「これで柏崎刈羽原発六、七号機は再稼働してしまうのではないか」「東京電力幹部は大喜びだろう」「何かの謀略だ」など、多くの懸念や皮肉、訝る声が聞こえてきた。特に地元の幼馴染の親友の一人は深刻な声で非常に危惧していることを伝えてきた。

この親友は、私が東京電力に従事していたころ、地元で反対運動をしており、柏崎刈羽原発への新燃料搬入に反対する座り込みなどにも参加していた。「今回は絶対に燃料は入れさせないからな」と会社に勇ましい声で電話してきたのを思い出す。私も、立候補予定者が、自民党推薦で原発再稼働容認派の森民夫長岡市長のみであり、泉田県知事の後継者が不在であることに不安を感じていた。泉田県知事自らが後継者を指名することもなかったからである。このままでは、無投票で当選が決まってしまう。

その矢先に市民団体が米山隆一氏を推した。米山氏は民進党の次期衆院選新潟県区の公認候補であったが、党を離脱してまで立候補に踏み切った。柏崎刈羽原発の再稼働については、泉田県知事の方針を継承するという。投票権を持たない私であるが、好ましい対抗馬出現にひとまず安堵したものだ。

しかし、選挙は蓋を開けてみなければわからない。泉田県知事は、なんと首相官邸を訪問している。ついに、自民党、東京電力勢力に押し切られてしまうのか、何しろ新潟県は昔からの保守王国である。

米山氏当選に示された新潟県民の民度

注目の投開票日二〇一六年一〇月一六日。結果は、森氏との一騎打ちとなったが、約六万票差で米山氏の勝利に終わった。新潟県民には失礼な言い方かもしれないが、新潟には民度が存在した。争点は、柏崎刈羽原発再稼働の賛否、ワン・イシューの選挙といってもよい。それだけ原発再稼働に反対している人が多くいるということだ。告示直前まで勝利は堅いと見込んでいた森氏が敗れたことは、安倍政権や東京電力にとって意外なことだったであろう。

それにしても、民進党（当時）の対応には呆れるばかりであった。公認・推薦はおろか、連合に気を遣い組織だった応援もせず、選挙戦最終日に蓮舫代表（当時）が演説に駆け付けるという体たらくだった。残念である。泉田知事は、ツイッターで原発事故時の避難計画などについて候補者に質問をしたが、速やかにこれに反応、回答をツイートした米山氏を結果的に後方支援する形になった。

直後に行われた地元柏崎市長選挙では、やはり柏崎刈羽原発再稼働反対一本に絞った竹内英子氏が立候補したが、条件付き再稼働容認派で前市長が推す櫻井雅浩氏が当選した。これで地元の首長の間で原発再稼働方針に関わる「ねじれ」が続くこととなった。

三つの検証

東京電力としては、新知事に就任した米山氏に一刻も早く面会し、柏崎刈羽原発六、七号機の再稼働を訴えたいところであったはずである。しかし、予定されていた面会は、福島県沖で発生した地震と新潟県内で相次いだ鳥インフルエンザへの対応で二度延期され、二〇一七年一月五日になってようやく実現した。

新潟県庁を訪れた東京電力の數土文夫会長や廣瀬直己社長などに初めて面会した米山知事は「福島第一原発の事故原因、住民の健康への影響、避難計画の実効性という三つの検証がなされない限り、柏崎刈羽原発の再稼働は認められない」という考えを伝えた。これに対して、數土会長は「一番重要視すべきステークホルダー（利害関係者）は何といっても地元の方々だ」「（三つの検証は）誠心誠意、厳しければ厳しいほど我々にとって有効なものである」と述べたうえで、新潟県の検証に協力する姿勢を示した。しかし、米山知事は「検証には数年かかる。お互いに全力を尽くして検証していきたい」と応じ、早期の再稼働には否定的だった。

これで、当分の間柏崎刈羽原発六、七号機の再稼働は見込めないであろう。私はそう思った。

米山元知事の述懐

その米山元知事が、週刊朝日二〇一七年二月一〇日号でインタビューに応じている。興味深いので一部を引用する。

〝新潟ショック〟といわれた脱原発派知事の誕生から三カ月――。米山隆一・新潟県知事は一月五日、初めて東京電力ホールディングスの会長、社長と会談し、「安全性の検証がされない限り、柏崎刈羽原発再稼働の議論はできない」との意向を伝えた。現在の心境を聞いた。

――安倍政権は原発再稼働に突き進んでいる。

「むやみにケンカはしたくないので、政権批判は控えているのですが（笑）。でも、『福島第一原発の事故の原因解明』『事故による住民の健康への影響』『柏崎刈羽原発での事故時に安全に避難できる計画』の三点の検証を私が進めていることは、政権に対する一種のアンチテーゼではあると思います。今は立ち止まって考えるべきではないですか、と。現状では住民の安全を確保できない、と苦言を呈するのが知事の責務であり権限です。ただし、立場の違いは違いとして、議論の共通の土台を作る必要があると思っています」

――東電との会談で得られた感触は？

「落ち着いた話ができたと思います。こちら側の意向はきちんと伝えられましたし、東電側からも住民の安全を第一に考えるというお話をいただきました。また、検証にも協力してくださるとのことでした」

――検証のポイントは？

「福島原発事故について、国会、政府、東電、民間の四つの事故調査報告書が出ています。事故原因の技術的な問題について意見の違うところもあるので、しっかりと検証していきたいと思います。健康面でいえば、たとえば子供の甲状腺がんが多発しているという問題では、学術的な意見がわかれています」

――知事は医師でもある。増えていると思うか？

「双方の見解にそれぞれ論拠があって、正直わかりません。ただ、事故との因果関係を否定するのは早計です。スクリーニング効果で甲状腺がんの発見が増えているというのであれば、他県でも調査して比較すれば、わかるはずです。それこそ、福島と新潟は隣県で気候条件も似ている。いい比較対象になるはずです」

――二〇〇七年の新潟県中越沖地震では、柏崎刈羽原発の配管などが損傷した。福島は想定外の津波が主な事故原因とされている。

「福島も地震によってある程度は壊れた可能性があります。国会の事故調では、地震で配管が損傷したのではないかとの指摘もあります。不幸な事態が次々と連鎖的に起きて、あの苛酷《かこく》な事故につながったということを、われわれは教訓にすべきです」

――避難計画は？

「安全な避難計画は、事故原因と健康への影響の検証を考慮して作らなければなりません。一番困るのは、パニックが起きて大渋滞が起きることです」

――検証は数年かかる？

「それぞれの項目を検証し、分野ごとにシンクタンクやＮＰＯなどに調査を依頼すれば、通常はそのくらいかかるのではないかと思います。二、三年はかかるというと驚かれますが、むしろ、事故後こうした検証をしてこなかったことこそを反省すべきです。不幸にも原発には一〇〇パーセント安全という〝安全神話〟がありました。電力会社は、『原発は絶対に安全だ』と絶対にあり得ないことをいってきた。半信半疑ながら多くの人がそれを信じていたが、事故が起きてその安全神話は崩壊した。では、事故の危険性はどのくらいで、どう対処したら良いのか、行政は、その問題にいままで真面目に向き合ってこなかった」（中略）

――〝原子力ムラ〟と対立することで何か圧力は？

「私自身はまったく感じていないですね。鈍感なだけかもしれませんが。ないとは思いますが、合法的な範囲ならご自由に、でも違法なことはしないでくださいね、と思います（笑）。幸い今の日本にはメディアもありますし、ＳＮＳもあります。何であれ私は、自分の意見を発信し続けていきます」

――もし、規制委の「合格」を理由に再稼働を強引に推し進めようとしたら？

「三つの検証がなされ、県民の命と暮らしが守られない以上、私はノーと言います。それを無視して再稼働が行われたら、司法や世論に訴える方法もあります」

「福島第一原発事故の検証」「健康被害の監視」「万全な避難計画」「温暖化、経済性への寄与に対する疑問」に加え、「再稼働を事故処理費へ当てる欺瞞」「三反園訓鹿児島県知事の対応への不満」。いずれの点においても、私と認識を共有するものである。ぜひ初志貫徹してもらい、決して、三反園知事のごとく「君子豹変」とならないことを望むばかりである。

こう書き記して一年足らず、驚愕のニュースが飛び込んできた。

突然の知事辞任と知事選挙

「米山新潟県知事辞職の意向。女性問題で」

これを聞いた当初、米山氏は独身だったはずで、女性問題とはどういうことかと疑問を抱いた。しかし、事実を聞くと弁解の余地はまったくなく、擁護することなど到底できないと思った。極めて残念なことだが、それよりも前回からわずか一年半後の再選挙の結果次第では、柏崎刈羽原発六、七号機の再稼働を余儀なくされる不安のほうが先に立った。

二〇一八年六月一〇日投開票の新潟県知事選挙には、いずれも無所属新人で前五泉市議の安中聡氏（四〇歳）、自民、公明両党が支持する元副知事で前海上保安庁次長の花角英世氏（六〇歳）、立憲民主、国民民主、共産など野党5党が推薦する前県議の池田千賀子氏（五七歳）の三氏が立候補した。

やはり争点は、柏崎刈羽原発六、七号機再稼働問題だった。しかし、いずれの候補も再稼働には慎重な姿勢を示し、「違いが分からない」と困惑する県民の声があがっていた。

しかし、自民党二階俊博幹事長肝煎りの花角候補は、安倍政権が進める原発政策を踏襲し、再稼働を容認するに違いない、というのが私を含め大方の見立てだった。そうした危惧のなか、地元の友人からこんな連絡があった。

「自民党の東電関係者も巻き込んだ大攻勢で池田さんは劣勢らしい」

「彼らは政権の浮沈がかかっている。本気だぞ」

それを聞いて居ても立ってもいられなくなり、選挙戦中盤だったが急拠新潟入りした。

そして一週間にわたり、池田千賀子氏を応援した。

池田氏とは面識はなかったが、柏崎市生まれで母と同じ職場に勤務、妹と同じ年齢など非常に身近に感じられ、柏崎市議、新潟県議を経験し何より地元事情に精通していることから最適任者だと思った。また、子育て支援の充実や農業振興を目指すとして、そのためには再稼働は認められないとする公約の柱にも大いに同調できた。

池田陣営のキャッチフレーズは「新潟のことは新潟で決める」。政府の政策とは一線を画す頼もしいものだった。

私は論点を原発一本に絞り、次のとおり訴えた。

「今回の選挙は、地元はもちろん新潟県ひいては日本全国の命運がかかる重大なもの」

「再稼働という横暴な波がそこまで来ている。それをせき止める『最後の防波堤』は新潟県知事。それになれるのは池田さんだけ」

「柏崎刈羽六、七号機は、マスコミの言う『福島と同じ型』ではない。『新型』を『改良型』と巧妙に言い換え運転を始めた」

「原発事故で生じた費用を原発再稼働で賄う。これ以上の悪い冗談はない」

「東京電力は、福島原発の廃炉と被害にあわれた方のケアに専念すべきで、再稼働の資格なし」

「元東京電力の社員の私が言うのだから間違いない」


花角陣営の「新潟県に女性の知事はいらない」との不用意な発言もあり、選挙戦終盤には街頭でも手応えが感じられ、地元マスコミも「接戦」と報じるようになった。

結果は、ご存じの通りである。

当　五四六、六七〇　花角英世
　　五〇九、五六八　池田千賀子
　　四五、六二八　　安中聡

花角氏に当選確実が出たときには、体中の力が抜け、脱力感におそわれた。明けた月曜日は何をする気にもなれなかった。

だが、落胆ばかりしていられない。ここは、選挙戦を自分なりに総括し、敗因を分析してみたい。

①ヒト・モノ・カネ。いずれも自民党の動員力は圧倒的でありとてもかなわない。明らかな選挙違反と思われる事例も散見されたが、ここではあえて触れない。

②ＳＮＳなどネット戦略でも発信力でかなわなかった。

③市民運動の結集として選出された米山知事が女性問題で辞職したことへの不信感。いわゆる「米山アレルギー」が少なからず影響した。

④相手陣営の「争点ぼかし」（再稼働には慎重）が奏功した。再稼働反対の人のうち三七％が相手候補に投票（同じ「支持」なら「安定」を選んだ）。

⑤野党国会議員の応援演説で、モリカケ問題など安倍政権の批判―国政を強調しすぎたことへの反発があった？　例えば「そんなことは分かり切っている。ここは新潟、永田町でやれ」

と感じる人もいた？　せめて、演説の順を逆にしてほしかった。つまり、県知事選（池田候補）の話→国政の話。

⑥事前に安中聡氏と出馬調整し一本化できなかったか。戦略ミスでは。

「再稼働反対」で公約は共通しているし、事実第四の候補とは調整が行われたと聞いた。結果、四五、六二六もの票が安中氏に流れてしまった。池田陣営が安中氏を甘く見たのかもしれない。また「タラレバ」の話をしても仕方がないが、四五、六二八票を単純に加えれば池田氏が勝利した計算になる。

敗けは敗けである。結果を真摯に受け止め、花角新知事が選挙中に掲げていた公約「再稼働の判断に当たって四年後の知事選で信を問う。それより早く検証結果がまとまったら辞職して県民の意見を確認する」を信用し、監視していかなければならない。

ところが、当選から一週間もたたないうちに花角知事は東京で行われた新潟県選出の国会議員への説明会で、「再稼働は当然ありうる」と発言したという。やはりというよりも、もう本性をさらけ出したかという思いだ。おりしも東京電力が福島第二原発の廃炉を福島知事に伝えたばかりだ。何というタイミングだろう。また東京電力は、柏崎市と刈羽村で全戸訪問（約四万八千軒）を行うと明らかにした。

花角知事に忠告したい。もし再稼働に同意するようなことがあれば、約六五％が反対している県民のみならず、全国から多くの人が集まり官邸前デモならぬ県庁前デモが起こる。そしてリコール運動も始まると。

そのとき再び池田千賀子氏の出番がやってくる。

柏崎刈羽原発六、七号機の問題点

福島第一原発と同型なのか？

ここからは、柏崎刈羽原発六、七号機そのものにある問題点を探り、再稼働できない根拠をさらに積み上げていく。

まずは、柏崎刈羽原発六、七号機は福島第一原発と同型なのかという点。

「事故を起こした福島第一原発と同型の柏崎刈羽原発六、七号機が新基準に適合」と巷間で取り沙汰されているが、柏崎刈羽原発六、七号機が福島第一原発と同型かと問われれば、厳密には違うと回答しなければならない。

核分裂エネルギーにより水を沸騰させ、発生した水蒸気の力でタービンを回し発電する。基本原理は同じではある。これを総じて「沸騰水型原子炉（BWR：Boiling Water Reactor）」と称する。

ところが、柏崎刈羽原発六、七号機は、改良型BWR（ABWR：Advanced 3WR）と呼ばれ、従来とは異なる設計、機器が多数採用されている。詳細は後述するが、この事実を伝える報道は少ない。

福島第一原発と同型と聞いた場合、同様な事故が起こりかねないとする懸念の声、逆に事故の教訓を踏まえた対策をしっかりとれば大丈夫だろうとの声、両方が出るだろう。もし、後者を想起させるための報道であれば、危険なミスリードである。

ABWRは当初「新型BWR」と名付けられた。だが、設計の進捗に従い、「新型では、住民の不安を煽る可能性がある。もっと受け入れられやすい名前に」との東京電力幹部の指示により、「改良型BWR」に改名された経緯がある。「Advanced（先進的な。高度な）」がどうして「改良型」になるのか疑問だが、前述した同社の常套手段である「呼び替え」の一つである。

この従来とは異なる「新型」である点をきちんと踏まえたうえでの議論が強く要求されるのである。

供用・運転実績のないBWR

原発の安全性・信頼性の向上、稼働率の向上、運転性の向上、作業者被曝線量の低減、経済性の向上を目的に国と民間で実施してきた「改良標準化計画」の一環として、「第三次改良標準化」の名の下に開発されたのがABWRである。この事業は、一九八一年から一九八五年にかけて官民共同で行われ、開発費は総額約七〇〇億円といわれている。民間では、東京電力を始めとするBWR電力と日立・東芝の国内メーカー、これにアメリカのGE社も加わり、設計や機器の開発などが行われた。

ABWRは、従来のBWRの運転経験に基づく改善と、世界のBWRの実績ある最先端の技術を結集して、安全性、運転性、経済性の向上などを目指して開発されたというのが謳い文句である。またABWRは「第三世代のBWR」とも呼ばれる。ちなみに、福島第一原発は第一世代である。

経験に基づく改善と最先端技術の結集というが、要はそれらの「寄せ集め」に過ぎない。機器単体ではヨーロッパなどで若干の実績があるものの、国内ではまったく運転・供用実績はない。さらに、それらを寄せ集めた総合的な技術としての実績は世界的にみてもない。一部の機器については、財団法人原子力工学試験センター（一九九二年四月、原子力発電技術機構と改称。二〇〇八年三月に解散）による確証試験が行われたが、十分とはとても考えられない。

かく言う私もＡＢＷＲの開発に携わった。世界初のＡＢＷＲが、柏崎刈羽六、七号機（一三五・六万kw）に採用されることに対して、「果たしてうまく動くのか？」という疑問を抱いた社員が、私も含め少なからずいたのは事実である。また、「原型炉」は必要ないとしても、「実証炉」を建設・運転する段階を経ず、すぐ「商用炉」を建設して運転をすることへの批判もあった（一般に原発は、「実験炉」「原型炉」「実証炉」「商用炉」と段階を踏んで開発される。ちなみに、「もんじゅ」は「原型炉」である）。

経済性の向上については、ＡＢＷＲは建設費が従来よりも二〇パーセント程度安くなるとの触れ込みで開発されていた。当時は、「金喰い虫」「お荷物」と揶揄された時代からは脱していたものの、発電コストが徐々に上がり、「原発は安い」とのキャッチフレーズを使用できなくなる危機に瀕していた。

このため、社内ではコストダウンが至上命題となり、その嵐が吹き荒れていた。「一円でも安く！」と、ついに禁断の安全設備にも手をつけたほどだ。二系統ある安全設備を一系統に減らす理屈を必死で考えたのを覚えている。

そういう意味では、安さが売りのＡＢＷＲは画期的だったわけである。しかし、設計の進捗に従い建設費はジワジワと上昇した。極めつけは、当時の池亀亮副社長がＧＥ社との間で主機契約（原発全体ではなく主要な機器の価格を決定する）を随意に交わしてしまったことにより建設費が大幅にアップし、コストダウン目標達成が絶望的になったことだ。

私たちの「建設費が大幅に増加する」との説明を聞いた池亀亮副社長は、学会などさまざまな機会でコストダウンを宣伝していたことから、「俺の顔に泥を塗る気か！」と激高した。話を聞いた担当部長である友野勝也原子力建設部長（当時）は狼狽した。その姿を見て、当時、仕事を共にしていた吉田昌郎が、私の耳元で「ＡＢＷＲなど『砂上の楼閣』そのものだ」と呟いたのを今でも鮮明に覚えている。

私は「池亀氏は自分の責任を棚に上げて」と思ったが、急場を凌《しの》ぐため、比較する従来原発をコストの高いものに変更する姑息《こそく》な手段で、何とか帳尻合わせをした。

結局、柏崎刈羽原発六、七号機はそれほど大きな建設費削減は達成できず、大出力が故のキロワットあたりの建設費低減（「スケールメリット」という）にとどまってしまったような記憶がある。

東芝の海外受注の第一号はＡＢＷＲ

ＡＢＷＲは、柏崎刈羽原発六、七号機のほか、国内では中部電力浜岡原発五号機と北陸電力志賀原発二号機で採用・設置されている。また、中国電力島根原発三号機（建設中）、Ｊパワー・電源開発大間原発（建設中）にも採用されている。

郵便はがき

料金受取人払郵便

牛込局承認

5559

差出有効期間
平成31年12月
7日まで
切手はいりません

162-8790

107

東京都新宿区矢来町114番地
神楽坂高橋ビル5F

株式会社ビジネス社

愛読者係 行

ご住所 〒 TEL:　　（　　）　　FAX:　　（　　）		
フリガナ お名前	年齢	性別 男・女
ご職業	メールアドレスまたはFAX メールまたはFAXによる新刊案内をご希望の方は、ご記入下さい。	
お買い上げ日・書店名 年　月　日	市区 町村	書店

ご購読ありがとうございました。今後の出版企画の参考に
致したいと存じますので、ぜひご意見をお聞かせください。

書籍名

お買い求めの動機

1　書店で見て　　2　新聞広告（紙名　　　　　　　　　）

3　書評・新刊紹介（掲載紙名　　　　　　　　　　　　）

4　知人・同僚のすすめ　　5　上司、先生のすすめ　　6　その他

本書の装幀（カバー），デザインなどに関するご感想

1　洒落ていた　　2　めだっていた　　3　タイトルがよい

4　まあまあ　　5　よくない　　6　その他(　　　　　　　　　　　)

本書の定価についてご意見をお聞かせください

1　高い　　2　安い　　3　手ごろ　　4　その他(　　　　　　　　　)

本書についてご意見をお聞かせください

どんな出版をご希望ですか（著者、テーマなど）

海外では、台湾（第四原発　龍門一・二号機）へ輸出されているが、建設段階で凍結されていた計画自体が取り止めとなった。東芝は、二〇〇九年アメリカのサウステキサスプロジェクト（STP）の原発三、四号機にABWRを採用、その調達・設計・建設を一括受注した。東芝にとっては海外受注の第一号で内外から注目された。

東芝は、アメリカの電力大手NRGとの合弁で「NINAニュークリア・イノベーション・ノース・アメリカ（出資比率：NRG八八％、東芝一二％）」を設立している。東芝は原発建設とその工事監督を担当し、NRGは原発の運営と地方自治体その他の顧客向けの電力供給を担当する役割で、東京電力がNINAへの出資（一億二五〇〇万ドル、出資比率一〇パーセント）に同意していた。ところが、福島第一原発事故の影響で、この事業から東京電力が撤退。さらに、アメリカの原子力規制委員会（NRC）の姿勢が硬化したことを受けて、NRGも追加の投資を打ち切った（事実上の撤退）。

東芝は、新たな提携先を探し事業を継続する意向だった。出資と融資の累計額で六〇〇億円以上を投じていたからだ。新たな提携先が見つからない中、二〇一六年二月、原子力規制委員会（NRC）は、STP三、四号機について建設運転一括許可を出した。しかし、電力市況が低迷していることを理由に、建設開始時期は未定となっている（二〇一八年五月三一日、撤退のリリースがあった）。

原発で失敗した東芝の悲劇

二〇一七年になってさらなる東芝の業績不振が明らかになった。アメリカ原発事業の損失が、最大七〇〇〇億円規模に膨らみ債務超過に陥る危機に瀕しているというのだ。そもそも東芝は、BWR（沸騰水型原子炉）を専門に扱ってきた会社だが、二〇〇六年、いわば商売敵であるPWR（加圧水型原子炉）のメーカーであるアメリカのウエスティングハウス（WH）社を約四九〇〇億円（当時の為替レート）で買収し子会社化した。世界的な原発需要の高まりを背景に、世界的にシェアの高いPWRも手中にし、半導体とともに経営を支える主要事業と位置付け、世界各国で受注、建設活動を展開する目論見であった。

WH社は、「第三世代＋（プラス）（ABWRは第三世代であるが、それにさらに改良を加えた原発）」と呼ばれる「AP一〇〇〇」という原発を米国で四基、中国で四基を建設中で、将来的には五〇基の受注を見込むと、東芝の鼻息は荒かった。

しかし同社は、福島第一原発事故の影響により、建設に遅延が生じ大きな損失を出す。前述の粉飾決算問題が発覚した二〇一六年三月期には、WH社の連結ベースで約二五〇〇億円の減損を計上し債務超過の危機が迫ったが、医療機器子会社の東芝メディカルシステムズをキヤノンに約六六五五億円で売却して免れた。

原発建設工期の遅れを挽回するため、WH社はエンジニアリング会社であるCB＆I

（Chicago Bridge & Iron Company）から原子力エンジニアリング会社であるストーン・アンド・ウェブスター（S&W）社を買収し子会社化した。しかし、これが裏目に出た。S&Wが携わるアメリカの四基の原発建設で大幅なコスト増大が明らかになった。工事量や人員数の見積もりに甘さがあったことが原因とされている。巨額の損失額は、度重なる決算報告の延期で明らかにされなかった。二〇一七年三月二九日になって、WH社がアメリカ連邦破産法一一章（日本の民事再生法に当たる）の適用をニューヨーク州連邦破産裁判所に申請し、経営破綻したことから、約七〇〇〇億円とされていた損失額は、約一・三兆円に増大したとの報道があった。

最終的に、二〇一七年八月一〇日に発表した同三月期の決算報告では、九六五六億円の赤字で、五五二九億円の債務超過となった。二〇一八年六月、難航していた半導体子会社「東芝メモリ」の売却が二兆円で行われることが決定。稼ぎ頭の半導体事業を手放したことで、今後の利益をどう創出していくのだろうか。

いずれにせよ、東芝にとって経営再建の前途は険しいものであることは間違いない。これで東芝は、海外原発事業からの完全撤退が確定し、世界一の原発メーカーになるとの当初の壮大な夢は儚《はかな》く消えてしまった。そして弱体化した現在、国内原発事業への関与も薄れていくと噂されるが、それどころではないと私は感じている。東芝は国内原発建設・保安事業からも撤退する、それも一つの生き残り策ではないか。

東芝や日立には甘えや驕りがある

その一方で、原発メーカーでは東芝と双璧である日立もアメリカの原発事業で損失が見込まれるとの発表があった。

日立は、二〇〇七年六月、GE社と合弁会社「GE日立ニュークリア・エナジー」を設立した（出資比率は、GE社六〇％・日立四〇％）。この辺は東芝と異なるところであるが、合弁会社で手掛けていた新しいウラン濃縮技術の開発を断念したことから、日立は損失を負うこととなった。その額は、七〇〇億円にのぼるということだ。東芝ほどではないものの、決して軽視できる数字とはいえない。

一方で日立は、英国アングルシー島に原発二基を建設する計画を進めている。事業は日立が買収した英国電力会社「ホライズン・ニュークリア・パワー」が発注元となり日立製の原発を採用する形となっている。

ホライズン社の総事業費は三兆円超に倍増したとされる。このうち英国政府が約二兆円の融資保証する方針を示した。しかし、ホライズン社への日立の出費比率一〇〇％を下げるための支援策（両国政府が企業連合を作りそれぞれ出費）が難航しているのだという。このように先行き不透明な中、日立にとって撤退したくてもできない事情があると言われている。原発輸出は「成長戦略」という名の「国策」であるからだ。

こうやって見てくると、東芝も日立も同類である。福島第一原発事故を機に原発の国内需要が停滞することを見越して、海外に活路を見出そうとしたものの、結局は失敗に終わっている。原発を巡る世界や時代の趨勢は変化している。すなわち、今や採算が合わないリスクの高い産業なのである。ベトナムへの原発輸出のは白紙撤回になり、三菱重工の対トルコ原発輸出も難航している。

にもかかわらず、安倍政権は今もなお原発の輸出を成長戦略の基軸としており、トランプ大統領との首脳会談では原発の他国への日米共同売り込みを提案したほどである。逆にいえば、東芝や日立などの原子力企業と業界には、原発輸出は国策であるから、多少の失敗があっても国の支援が得られるといった、甘えや驕りがあるのではないか。東芝や日立の事例は、「いい加減に目を覚ませ」と警告を発しているととらえるべきではないだろうか。

台湾や韓国も脱原発を宣言

台湾では、蔡英文政権が凍結中のＡＢＷＲを含め、二〇二五年までに脱原発を実現することを定めた電気事業法改正案が、二〇一七年一月一一日、立法院（国会）で可決された。蔡総統は二〇一六年一月の総統選で脱原発を公約に掲げていた。同法では、再生エネルギー分野での電力自由化を進めて民間参入を促し、再生可能エネルギーの比率を現在の四パーセントから二五年には二〇パーセントに高めることを目指す。将来的には公営企業の台湾電力の発電事業と送売電事業を分社化することとしている。台湾では、三カ所の原発で電力の約一四パーセントをまかなっており、太陽光や風力などの再生可能エネルギーへの切り替えが進むかどうかが今後の焦点となる。

台湾では二〇一一年の東日本大震災による東京電力福島第一原発事故後に、反原発の機運が高まっていた。第一原発一号機が二〇一八年一二月に四〇年の稼働期限を迎えるのを皮切りに、稼働中の全原発が二〇二五年五月までに終了期限を迎える。同法には「二〇二五年までに原発すべてを停止する」と定められており、稼働延長は認められない。

台湾は、エネルギー資源が少なく地震が多いなどわが国と共通する点が多い。電力料金の値上げや停電を懸念する声もあるが、多くの民意を受け入れた形での再生可能エネルギーへの転換による脱原発は、先達のドイツと同様である。台湾と同様、脱原発が大勢を占める民意が政策に影響しない日本は、いったいどうなっているのだろう。

また、脱原発といえば二〇一七年六月、韓国の文在寅大統領は同国最初の古里原発一号機が運転終了を迎えるのを機に、新規原発の建設白紙化（後に一部再開・新古里五、六号機）や設計寿命を超えた運転の禁止など、脱原発を推進すると宣言した。従来の政権の原発依存政策から大きく転換した形である。さらに、福島第一原発事故を教訓に原発の安全規制も強化するという。

文大統領は、福島第一原発事故について次のとおり述べた。

「原発が安全、安価ではなく、環境にも良くないことを示した」

「脱原発は逆らうことのできない時代の流れだ」

「韓国はもはや地震安全地帯ではない。地震は原発の安全性に致命的だ」

その上で、再生可能エネルギーやLNGで清潔で安全なエネルギーを育成していくとした。

韓国では古里一号機を含め、二五機の原発が存在しており、電力量の原発依存度は三〇パーセント近くと非常に高い。こういった状況から、無謀な判断と批判する国民も多かった。

しかし、脱原発という大きな目標を掲げて、その実現に向けて邁進するリーダーシップは評価に値すると思う。宣言から一年後の今年現在、韓国国民の約八五パーセントがこれを支持しているという。多くの民意を無視し、選挙では争点にしようともしないわが国の政権与党はこの姿勢を見習わなくてはならない。

柏崎刈羽原発六、七号機（ABWR）のハード面の問題点

ここから、ABWRで新たに採用された機器、概念を示し、その問題点や懸念材料を述べる。

内容が専門技術的であることから、詳細は避けポイントのみの簡潔な説明とする。

インターナルポンプ（RIP：Reactor Internal Pump）の採用

インターナルポンプはABWRを語るうえで最も重要な機器であり、従来型BWRとの最大の相違点である（図1・2）。従来、再循環ポンプは、原子炉圧力容器の外部に設置され配管で内部のジェットポンプと呼ばれる機器と結ばれていた。これを、インターナルポンプは、文字通りポンプの羽根（インペラ）の部分を圧力容器の中に入れ、水中モーターでこれを駆動することにより、原子炉内の水を循環させる構造とした。圧力容器の底部に一〇台設置されている。これにより、圧力容器外部にあった再循環系配管が不要となった。

従来の再循環ポンプは、大型で圧力容器の外側にあるとはいえ、格納容器内にあり狭隘かつ放射線量の高い場所でのメインテナンスは労を要した。また、運転中のトラブルも少なくなかった。

その最悪の事例としては、一九八九年一月福島第二原発三号機で発生した破損事故が挙げられる。再循環ポンプが激しく振動しポンプ内部が破損、金属片が圧力容器内部まで達したものである。溶接の不備が原因とされているが、再循環ポンプの「振動大」の警報が出続け再三運転員から停止を進言されていたものの、これを無視した。正月で定期検査の開始が間近であっ

図1　原子炉冷却ポンプの従来型BWRとABWRとの比較

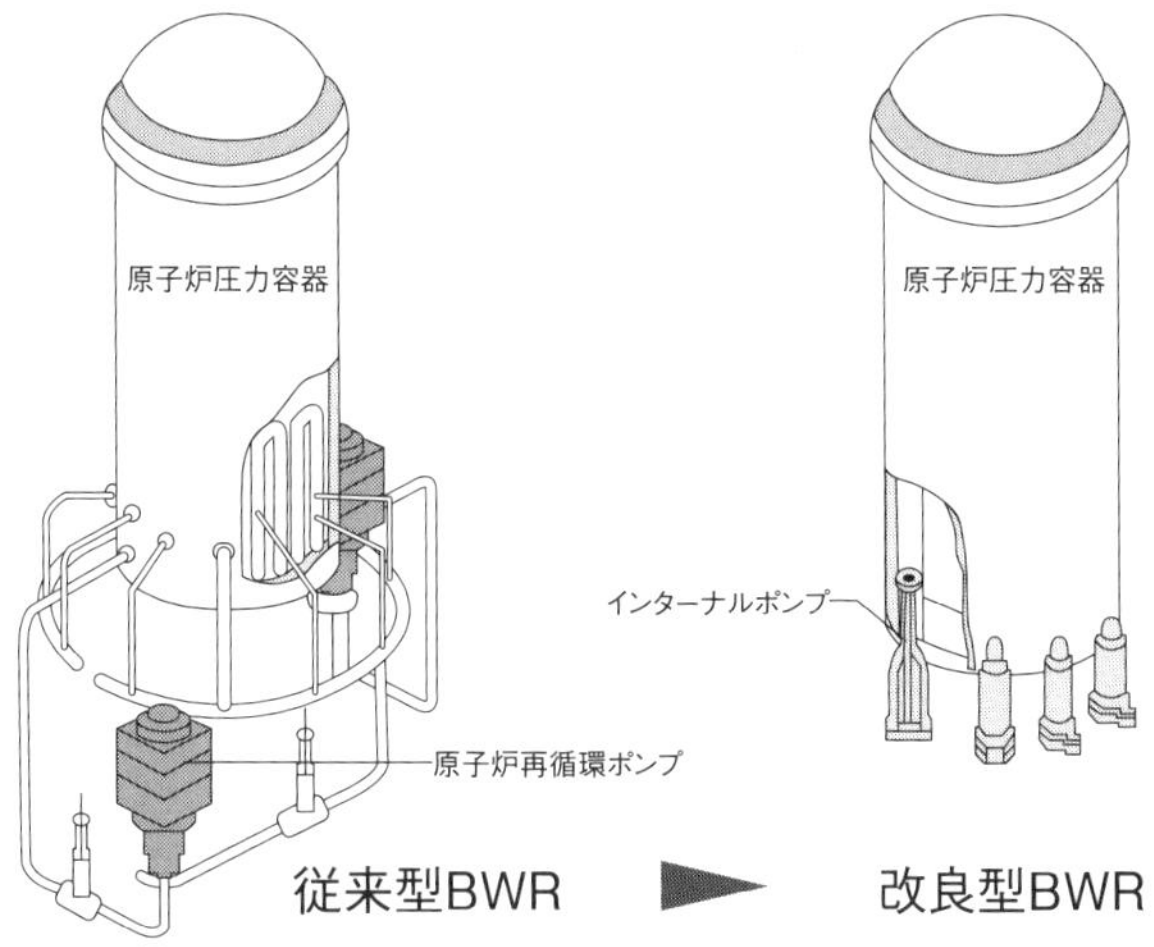

出展：東京電力：改良型BWRの概要（1993年8月）

図2　インターナルポンプの構造

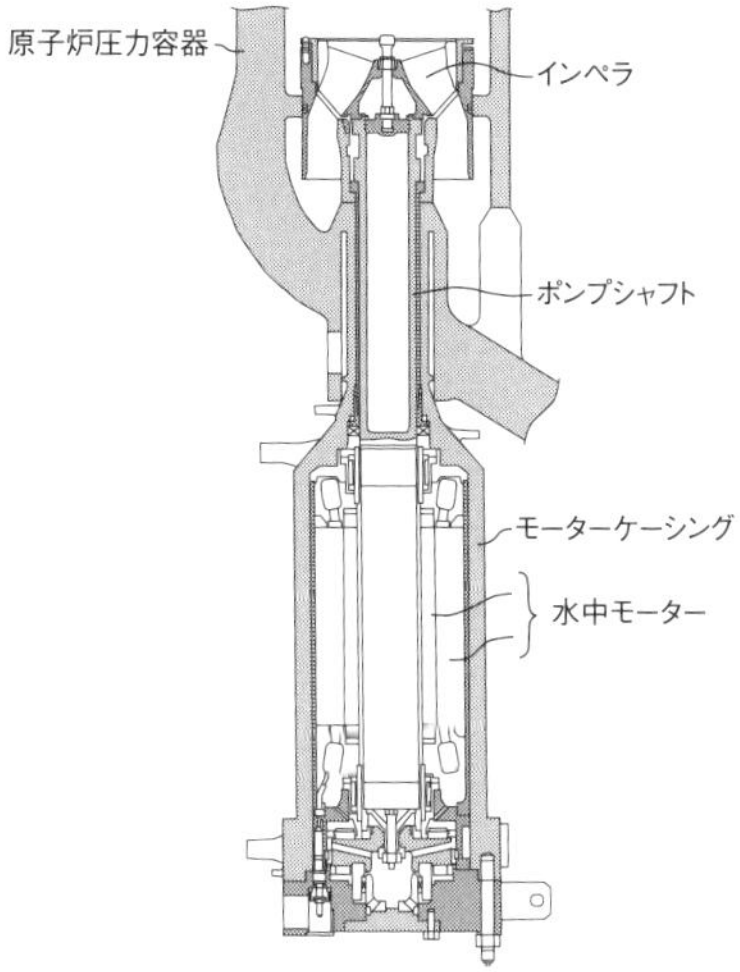

たことから、発電部長の独断で、すぐに停止せず無理矢理運転を継続したのが最大の原因、と私は考えている。

インターナルポンプはこうした再循環ポンプの「アキレス腱」を一掃するために導入されたものである。これにより、事故評価で破断を想定する（再循環ポンプに接続される）大口径の配管がなくなる、と東京電力はアピールする。しかし、以下の懸念材料が指摘されていた。

・構造強度の問題。圧力容器溶接部が温度・圧力変動による繰り返し応力に耐えられるか？
・炉内にルーズパーツ（遺失物、流出した部品など）があった場合、ポンプの羽根に直接当たる構造であることから、羽根が欠け動バランスを失い破損に至らないか？
・落下防止機能はあるものの、耐震サポートがない。
・小型であることから、ポンプ慣性が小さい。このため停止時に大きな熱変動が生じる。炉内機器や燃料への影響はないか？
・定期検査は溶接部の目視検査で大丈夫か？
・海外での運転経験が少ない。フィンランド（ASEA－ATOM社）、スウェーデン（ASEA－ATOM社）、ドイツ（KWU社）の三カ国二社のみであること。
・国内での実証試験が不十分である。財団法人原子力工学試験センター（当時）で行われた「確証試験」と「実証試験」だけであること。

世界最大の大型ＢＷＲ

ＡＢＷＲは出力を一三五・六万キロワットとし、スケールメリットを得るためＢＷＲとしては世界最大の出力にチャレンジした。このため、タービンは従来の四一インチ（一・〇四メートル）翼から、一挙に五二インチ（一・三二メートル）翼と大容量のものが開発された。

一般的に大型化は、安全性より経済性を優先しがちになると言われる。運転を停止したときの経済的損失がより大きくなるからである。

非常用炉心冷却系（ＥＣＣＳ）の規模縮小

インターナルポンプの採用により、原子炉外部の再循環系の配管がなくなった。安全設計において、従来の大口径配管の破断想定は不要となり、比較的口径の小さい高圧注水系配管の破断を想定することとなった。この結果、想定する事故の規模は小さくなり、非常用炉心冷却系（ＥＣＣＳ：Emergency Core Cooling System）の容量も小さくなった。

出力が従来より二三パーセントも増大（一一〇→一三五・六）しているにもかかわらず、この考え方は妥当なのか？　万一インターナルポンプが脱落したならと考えると空恐ろしい気持ちになる。このＥＣＣＳではまったく対応できない。一瞬のうちに炉心溶融に至ってしまうのは明白だからだ。ちなみに、インターナルポンプの落下は安全評価では想定外である。

原子炉圧力容器と格納容器の小型化

原子炉圧力容器の胴内径は、出力増大のため、より多くの燃料を装荷するため大きくなるが、高さは一メートル低くなっている（図３）。これは、気水分離器のスタンドパイプを短くすることと制御棒落下速度制限器をなくしたことによる。前者により、原子炉水位調整作業が難しくなるとともに、後者は明らかに安全装置の削除である。

ＥＣＣＳの規模縮小と同じ理由で、原子炉格納容器は従来よりも大幅にその容積が縮小された（図４）。出力が従来と比較して二三パーセントも増大しているにもかかわらず、この考え方は妥当なのか？

しかも、格納容器は日本でも初めての技術である、鉄筋コンクリート製（ＲＣＣＶ：Reinforced Concrete Containment Vessel）で、原子炉建屋と一体化したものである。鉄筋コンクリートで耐圧機能を担い、その内側に約六・四ミリメートル厚の鋼製ライナを張り、これが漏洩防止機能を担う。鋼製ライナの内側の不具合（ヒビ割れなど）は定期検査で発見することは不可能である。

図3　ABWRとBWRの事故解析における想定配管の比較

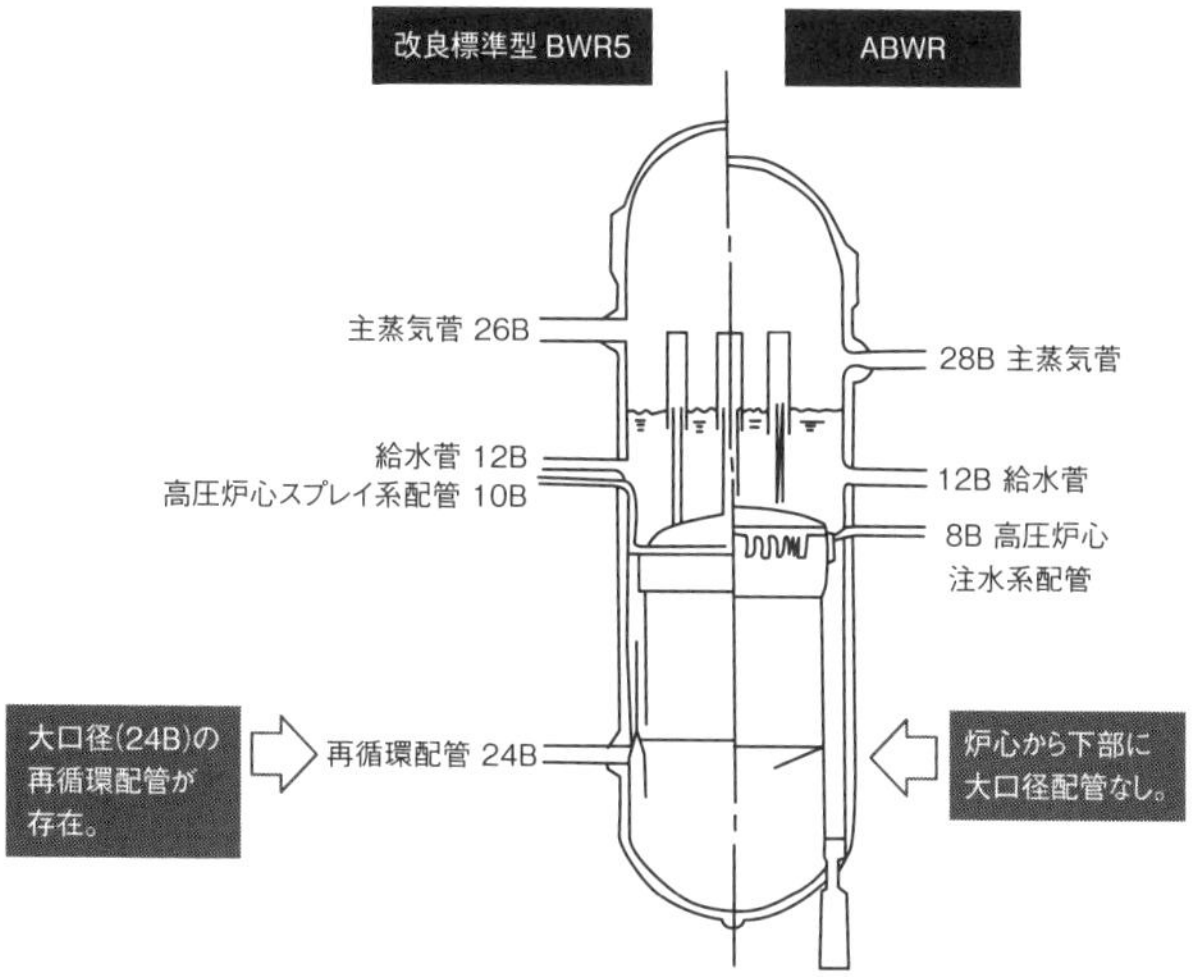

出展：原子力安全研究協会（編・刊）：軽水炉発電所のあらまし（改訂第3版）、平成20年9月、p.122

図4　鉄筋コンクリート製格納容器

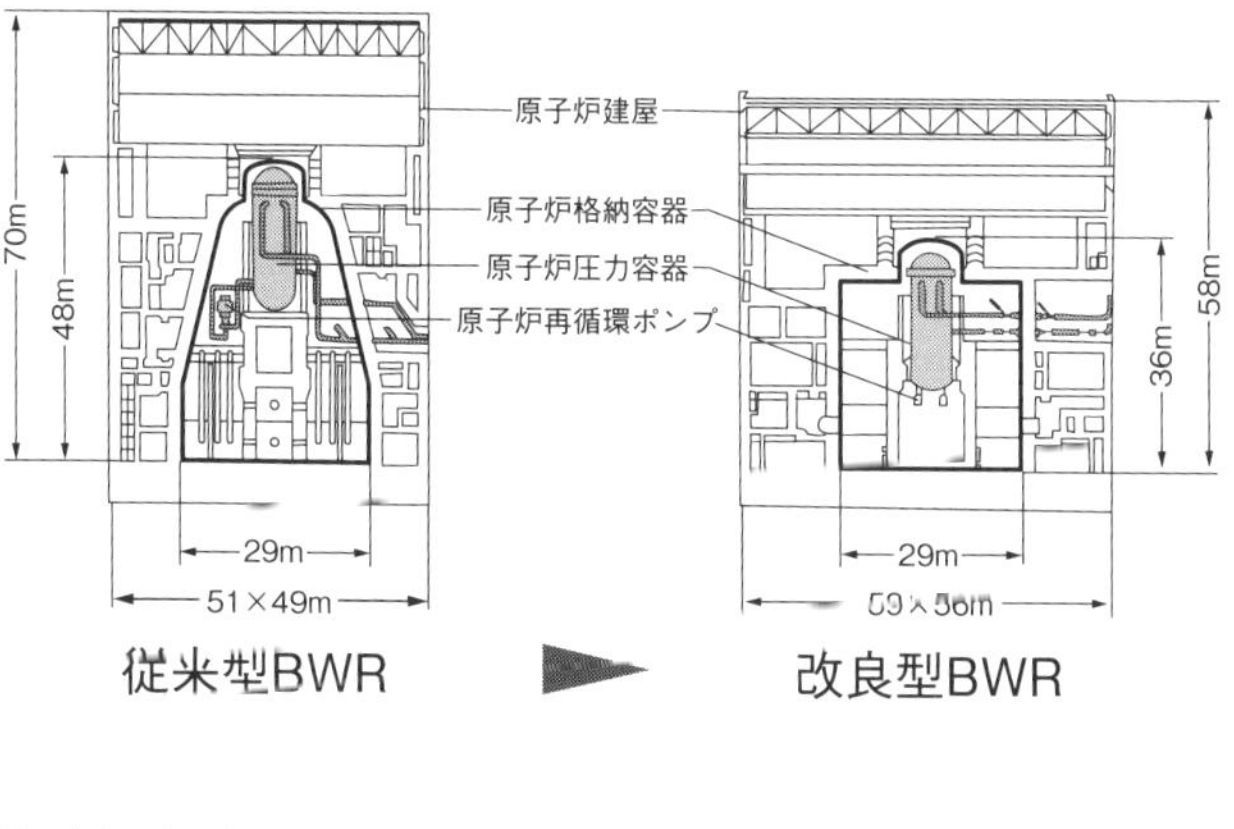

出展：東京電力：改良型BWRの概要（1993年8月）

福島第一原発事故のような炉心溶融が発生した場合、格納容器内の圧力上昇が問題となるが、小型化された格納容器では圧力上昇が顕著となり、事態はより深刻となる。

電動式制御棒駆動装置（FMCRD：Fine Motion Control Rod Drive）の採用

従来、通常の起動・停止等の制御棒駆動は小圧で行っていたが、これを電動で行う装置である（図5）。段階的な操作しかできなかったものが連続的な動作が可能となった。元来、この特性は「負荷追従運転」を狙ったものだったが、実証がなされず現実的でないことから、「運転信頼性の向上」にすり替わっている。また、緊急挿入（スクラム）は従来型と同様小圧で行うことから、駆動源が多様化し安全性が向上すると宣伝されている。しかし、スクラム速度は一〇〇パーセント挿入相当で従来型より遅くなっており、安全性の向上などとは決して言えないのである。

主排気筒高さの半減

従来型BWRの五号機が一五五メートルであるのに対し、六、七号機は七三メートルと主排気筒の高さは半減している（次頁写真参照）。通常運転時の燃料破損率が低下したという運転経験からの論理に基づくものである。しかし、福島第一原発事故でこの論理は完全に破綻した。

図5　制御棒駆動装置の従来型BWRとABWRとの比較

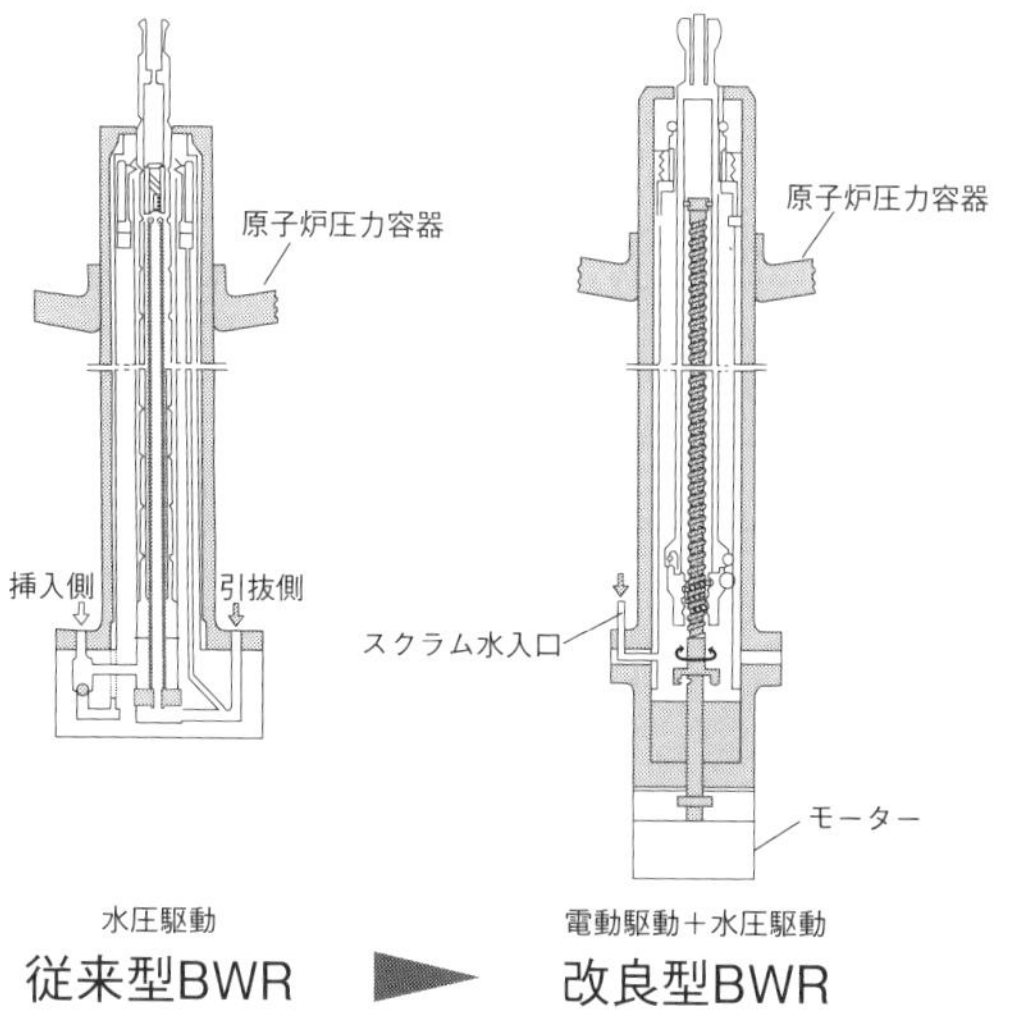

出展：東京電力：改良型BWRの概要（1993年8月）

主排気筒高さが低いということは、それだけ放射性物資の拡散効果が薄れるため、事故時は言うまでもなく通常運転時でさえ、周辺の地元への影響がより増大することになる。

人工岩盤（マンメイドロック）の採用

建屋の基礎は岩盤に設置することが求められており、柏崎刈羽原発では「西山層」（一七〇万年前　堆積岩）の上に設置することが基本とされている。しかし、六号機では部分的に、七号機ではほぼ全面で岩盤の状態が悪いことから、厚さ七～一七メートルの人工岩盤で代用している。これは極めて異例のことであり、当時の安全審査でもその

柏崎刈羽原子力発電所。五号機（右側）と六、七号機（左側）の主排気筒の高さの違いがはっきりわかる。

強度が指針に適合するものかどうか問題になった。

以上、六、七号機（ＡＢＷＲ）のハード面の問題点を列挙してみた。

条件付き審査合格

柏崎刈羽原発六、七号機の安全審査は、一九八八年五月から一九九一年五月まで三年間にわたって行われた。通常二年前後のところ、「新型」であることから異例の長期間となった。またアメリカでは、一九九七年五月、ＮＲＣがＧＥのＡＢＷＲに対し、標準設計認証（ＳＤＣ：Standard Design Certifications）を発給したが、日本ではこれに六年も先行して設置が許可されたことになる。審査結果は、条件付き（業界では「ツケ」と呼ばれる）であり、以下の三点が要求された。

①人工岩盤の強度が確保されていることの確認

②鉄筋コンクリート製格納容器の強度の確認

③再循環ポンプ内蔵に伴う、圧力容器の強度と供用期間中の検査方法の確認

いずれも、机上や実験設備などでは審査ができない問題であるため、実機において確認せよ、という意味合いがある。

私の心配を尻目に、意外にも六号機は一九九六一一月、七号機は一九九七年七月から運転を開始し、二〇〇三年四月の福島第一原発他でのトラブル記録改竄・隠蔽発覚により停止するまで、大きなトラブルなしで来た。直後、運転を再開するが、二〇〇七年七月一六日、中越沖地震（震源となった断層は、想定にないもので直下型地震）に遭い、大きな被害を受け停止した。以降、最大地震加速度の見直し、免震重要棟の設置など多くの地震対策を実施。二〇〇九年一二月に七号機が、二〇一〇年一月に六号機が、それぞれ運転再開した。二〇一一年三月、東日本大震災後、定期検査および新規制基準適合性審査中を理由に停止した。

幸いにも重大な初期故障は発生していないが、運転開始からすでに二〇年以上が経過し、運転経験は一五年程度だ。さらに最後の停止から六年以上が経過しているが、長期停止の後、運

転を再開した場合、偶発故障や摩耗故障が発生しないとは誰も断言できない。

柏崎刈羽原発六、七号機のソフト面の問題点

実体のない「安全審査」

私は東京電力で計五年間にわたって原発の安全審査にかかわる業務に携わった。具体的には、柏崎刈羽原発三、四号機（一九八三〜一九八七年）、六、七号機（一九八九〜一九九〇年）の期間、安全審査における東京電力側の窓口として、官庁との折衝、社内各技術部門の統括、資料のとりまとめなどを行った。その実体験を基に、国の安全審査の実態を明らかにしたい。

柏崎刈羽原発六、七号機の安全審査は、当時のルールに従い通商産業省（当時）と原子力安全委員会（当時）の二段階（通称ダブルチェック）により行われた。

まず、東京電力が通産大臣宛てに原子炉設置変更許可申請書を提出する。通産省の審査は、一次審査と呼ばれ、同省資源エネルギー庁原子力発電安全審査課の安全審査官が、申請内容について東京電力の説明を聞き（通称ヒアリング）、顧問会という専門家組織の意見を仰ぎながら、安全かどうかを判断する。審査結果は、通産大臣から原子力安全委員会に対して諮問され、原子力安全委員会がその内容を審査する。これを二次審査という。

二次審査では、通産省の安全審査官が、原子力安全委員会の下部組織である原子炉安全専門審査会へ説明することとなる。第二次公開ヒアリングを経て、原子力安全委員会が答申、これを受けて通産大臣が東京電力に原子炉設置変更許可を出す。このような手順だ。

形式的には、東京電力は一次審査の通産省の安全審査官への説明だけで済むはずなのだが、実際は関与できないはずの二次審査においても、東京電力は通産省へのお手伝いを余儀なくされた。それどころか、出入り禁止の原子力安全委員会事務局を担う科学技術庁原子力安全局原子力安全調査室（当時）へも接触し説明を繰り返していた。さらに、顧問や原子炉安全専門審査会委員（大学教授がほとんど）と直接面会し、説明することもあった。

安全審査といえば聞こえはいいが、実態は目を覆いたくなる代物だった。まず、安全審査官だが、はっきりいってほとんどがズブの素人だった。通産省内のガス部門から異動してきた人や、中にはアルコール事業から来た変わり種もいたほどだ。したがって、審査をしてもらう前に審査官に対して、東京電力が原子力の「げ」の字からレクチャーしなければならなかった。これは、原発の運転・保守を経験するなど原子力の専門家約四〇〇〇人で構成されるアメリカのNRCとは大きく異なるところだ。現在の日本の原子力規制庁も、この通産省の流れを汲む原子力安全・保安院の人員などが横滑りした組織であることから、その実力は容易に想像できる。

レクチャーする東京電力も、技術の詳細についてはメーカーの東芝や日立に頼りっぱなしである。通産省の質問にその場で答えられなければ、すぐに電話をする。「お前らは、テレフォンエンジニアだ」と上司からよく冷やかされたものだ。このように、安全審査は、いってみれば「知らない人」と「わかっていない人」が対峙して行われる不毛な儀式だった。

「て・に・を・は」にうるさい「安全審査官」

安全審査官の中には、技術的には詳しくないものの、おそらく公文書作成などに長けているのだろう、ひたすら文法的というのか逐語的というのか、その類いの審査をする人がいた。要するに「て・に・を・は」の問題といってよい。たとえば、「～のように」との記載があると、「ように」というのは漠然とした表現であり、何を根拠とするのか明確ではないから、「～のとおり」と特定せよ。「～より何キロメートル離れている」との記載があると、もちろん英語で「ｆｒｏｍ」の意味で使っているのだが、「より」は「ｔｈａｎ」であり「ｆｒｏｍ」は「から」だ、「～から何キロメートル離れている」に直せ。また、「下記のとおり」との記載については、その下に「記」という文字がある場合に限るので、それがないのであれば「以下のとおり」にするべきである。さらに、接続詞として「従って」と表すのは誤り、「したがって」だ。

「まるで、国語や書き取りのテスト。どこが原発の安全と関係あるのか」と何度疑問を抱いたことか。あまりにも、しつこくいわれたのでトラウマとなり、今でも文章を書くときは気になってしまう。

もっというと、「~等」という表現を使うことが多かったのだが、我々としては「もっと他にもあるのでは？」と突っ込まれた場合の、いわば「逃げ道」「安全余裕」の意味として記していた。それに対して「等」とは具体的には何かを盛んに聞かれた。該当するものがなければ削除せよ、あるのであれば「等リスト」を作れと指示され、膨大なリストを作成した嫌な記憶が残っている。

〝たかり〟のプロ、セクハラもした「安全審査官」

そんな安全審査官であったが、「たかり」だけは玄人であった。「昼間決着できない問題は夜の席で」は日常茶飯事。寿司の差し入れ、タクシー券などの付け届けは当然のことだった。

安全審査の節目で通産省へ差し入れするのも通例だった。その日もなじみの寿司屋に夕方届けるようにお願いしていた。ところが、届けにいった寿司屋から電話があり「うちはそんなもの頼んだ覚えはない」と断られたとのこと。「なぜ？」と思ったが、通産省職員の不祥事が報道された直後だったことを思い出し、「なるほど」と納得。上司に相談のうえ「東京電力の方へ届けてください」と寿司屋に伝えた。おかげで東京電力社員が、ご相伴にあずかったという話である。

　中には、ひねくれた審査官もいた。「お宅は仕事で終電を逃したときどうするの?」と夜、会社に電話がかかってくる。応対したまじめで融通の利かない東京電力社員が「できる限り終電に間に合うよう仕事の効率化を徹底しております」と返答した。「だから、終電がなくなったときだよ!」と怒鳴られ、うろたえている様子。見るに見かねた私が「何枚必要ですか?と訊けばいいんだよ」と指南したことが何回かあった。いうまでもなく、タクシー券を無心しているのである。

　届けた書類を読もうともせず、目の前で破り捨てる審査官もいた。何が気に入らなかったのかはわからない。また書類を届ける場合、ある審査官は「(お気に入りの)あの娘に持ってきてもらって」と女性社員を指名する(今なら完全にセクハラあるいはパワハラである)。また、貴重な休日を狙って「今度、うちとソフトボールの試合をやろう。手配よろしく。あの娘も呼んでね」と電話がかかってくる。仕方なくメンバーを確保し、日程の調整、グランドやシャワーの手配や打ち上げの段取りをする羽目になる。

　試合当日、あくまで懇親が目的というものの、東京電力の若手は日ごろいじめられている恨みからか本気を出してしまう。その結果、試合は東京電力の圧勝に終わった。通産省からの提案で再試合をすることになったが、ただし実力が違いすぎるので、若手は利き手とは逆の打席で打つハンデを付けることとなった。しかし、融通の利かない若手たちの「活躍」により、またも東京電力が勝利した。なんとも、後味の悪い懇親ソフトボール大会であった。

通産省の権限は絶大

安全審査は、ヒアリングの名の下に週に二、三日行われたが、通産省には会議室がない。そこで、通産省の近くのオフィスビルに「分室」と称する会議室を確保した。地方電力会社も同様に会議室を確保していた。会議室には、電話、ファックス、コピー機など一通りの機器がそろえられ、また冷蔵庫や茶器セットも準備されていた。他電力会社の中には、冷蔵庫に飲み放題のビールを用意しているところもあった。当時は、昼食や夕食はすべて電力会社持ちが当たり前のことだった。また、ヒアリング終了後に接待をするため、銀座辺りで行き着けの店を作っておく必要があった。その点、かける予算の違いからか、地方電力会社のほうが銀座の店に詳しかったのには驚いた。

通産省の質問に即座に答えられなければ、会社へ持ち帰り東芝、日立に連絡し期限までに回答を作ってもらう。地方電力の中には、持ち帰るのに手間がかかるので、別室にメーカーの人間を待機させている会社もあった。即答して、少しでも審査を早く進めたい一心である。

さらに、東京電力に遅れて設置許可申請をしたある電力会社は、原発が同型であったため、私たちが作成した資料を流用するという楽をしていた。その挙句、回答につまった場合「東電さんに訊いてください」と呆れた対応をしていたと聞いた。

今では想像がつかないかもしれないが、当時の通産省の権限は絶大であった。電力会社は、すべての要求に従順にならざるをえなかった。そうでなければ審査スケジュールが遅れてしまう。ただ、審査期間には相場があり、それは概ね二年だった。それよりも短かければ、審査に手抜きがあったのでは、長ければ何か問題があったのでは、と勘繰られるためである。

安全審査官をまとめる統括安全審査官という人がいたが、なかなか私のようなレベル（係長クラス）では対応できなかった。東京電力の課長あるいは部長クラスでようやく話ができる。通産省の課長などはいわば雲の上の人で、直接話をするなどもっての外であった。何かあると平気で東京電力の副社長、場合によっては社長へ電話をしてくるのだ。そんなことになれば一大事である。我々はそれを一番恐れていたし、そうならないよう細心の注意を払った。

安全規制のいい加減さは昔から

こういった安全審査のいい加減さは、後述する第二次公開ヒアリングも含めて、そのとき始まったことではなかった。原発の黎明期、定期検査の通産省立会などは目があてられないお粗末さであった。国が立会検査をするというのに、まず手順書がない。もちろん合格の判断基準などあるはずがない。そこで、ＧＥ社の英文の取扱説明書を紐解き、苦労して検査手順書を作成したのを覚えている。

検査官は黙ってその手順書に従って、現場をチェックし合格書にサインするのだった。どういう因果かわからないのだが、決まって検査とは関係のない設備にトラブルが発生する。あるとき、検査は滞りなく済んだのだが、近辺のどこにでもあるような一〇〇ボルトのコンセントが火を噴いた。ショートが原因であったが、検査どころではなくなり、検査官の関心はそのことに集中してしまい、こちらは大いに困惑した。何とか事なきを得たが、一般のコンセントのこととなれば、いくら素人の検査官でも指摘し易かったのだ。また、素人は素人なりの純粋な質問をすることがある。これには、なかなか回答できないことがある。

そんなときは、東芝や日立などのメーカーに助けを借りた。手っ取り早く、メーカーの人に東京電力の作業服を着てもらい、成りすましで回答してもらうのだった。

また、原発の各系統やエリアには、放射線検出器が設置されているのだが、検査官が来所するというのに、慢性的に線量率が高く中央制御室に警報が出ている箇所があった。本来であれば、除染などをして放射線量を下げなくてはならないのはいうまでもない。しかし、当時はそうではなかった。系統を流れる汚染水は、処理系の能力を超えており、どうしても放射線量が高い。そこで苦肉の策として、放射線検出器の周りを鉛でぐるぐる巻きにして放射線を遮り、何とか警報を消したことがある。

この放射線検出器とその指示計の校正（指示計が示す値と真の値の関係を求め、目盛の補正をすること。キャリブレーションともいう）は、現場にある「線源井戸」と呼ばれるもので行う。この井戸には放射性同位元素が入っており、それが発する放射線を基準として、検出器を井戸内で上下させることにより、距離に応じてあらかじめ定められた放射線量で校正をする。ところが、検査当日になって井戸を上下させる装置が故障する事態が発生し校正ができなくなってしまった。正直に事情を検査官に話せばいいのだが、それでは工程に遅れが生じる。そこで奥の手を使う。検査官が現場にいないことをいいことに、現場に電流発生器を持ち込み、中央操作室へ通じるケーブルに接続した。中央操作室では、現場とつないだ電話で指示をする。「検出器を○メートルにおいてください」と。その際の線量率は△毎時ミリシーベルト（当時は毎時レントゲン）である。それを受けて、現場でその値に相当する電流を流すのだ。当然のことだが、中央操作室の指示計にはピッタリの数値が表示されるという具合である。明らかな「いかさま」である。当時の騙された検査官に心からお詫びしたい。

古くから提起されている原発訴訟

安全審査ではないが、古くから提起されている原発訴訟について触れておきたい。原発訴訟は、住民などが電力会社を相手に原発の運転差止めを求める民事訴訟と、国の設置許可処分の取り消しを求める行政訴訟に大別される。

民事訴訟の場合、法廷対応は電力会社が行うのは当然のことである。一方、行政訴訟は国がと思われるかもしれないが、実際はそうではない。すべて陰で電力会社が動いているのだ。通産省には、訟務室という原発訴訟対応の組織があった。柏崎刈羽原発一号機は、一九七七年に行政訴訟が提起されていたため、東京電力社内には通産省の応援をする秘密の部隊があった。

私も、一九九〇年代の新潟地方裁判所での審理中にその部隊に所属していたことがある。行政訴訟の場合、通産省だけでなく、法務省が関与してくる。法務省検事が出廷したり、準備書面作成など訴訟事務を担当するのである。ただでさえ面倒な通産省対応であるのに、そこに法務省ともなると話はややこしくなってくる。もちろん、東京電力社内にも訴訟担当の事務系グループはあるが、技術的なことに関してはまったくの素人である。

通産省の役人は原子力に関して素人だと前述したが、法務省検事は、いわば言葉の通じない外国人のようだった。東京電力の仕事は、準備書面原案の作成、証拠集め、証人尋問原案の作成などであった。それらを、通産省と法務省に説明するのであるから、ときには通産省と法務省の板挟みとなった。通産省が理解しても法務省が満足しないことが多々あり本当に困った。最終準備書面の作成に当たっては、女性検事が担当したのであるが、ずぶの素人のうえに細かい人で、専門用語や一般的にわかりにくい箇所には、（注）を付けて解説するよう指示された。たとえば、地層の「褶曲《しゅうきょく》構造」と「撓曲《とうきょく》構造」というのが出てくると、違いを説明させられた。しかし、なかなか理解してもらえず、図解を加えた注意書きをするよう命じられるのだ。あれもこれもと、結局一ページ当たり一〇カ所以上（注）が付いている珍しい準備書面が出来上がったのを覚えている。これでは、果たして裁判官の心証はどうなるものか、と疑問に思った。口頭弁論の期日には、新潟地裁の傍聴席に座り議事録を取らされた。禁じられていた録音もレコーダーを隠し持ちこっそり行っていた。そうでもしないと、満足してもらえる詳細な記録を書けないからだ。

新潟地裁での証人尋問で最も力が入ったのは、今をときめく「原子力資料情報室」の高木仁三郎氏（故人）が原告側証人に立ったときだった。同室の設立者で代表の高木氏は原発の危険性を理論的に論ずる反原発運動のシンボルで、当時、我々にとっては非常に煙たい存在だった。

高木氏は、柏崎刈羽原発では炉心溶融が起きると、新潟市にまで被害が及び壊滅状態になると主張していた。国側としては、その主張は「あくまで想定の話」との言質を何とかして引き出したかった。

そこで、高木証人の質問に対する回答がＹＥＳかＮＯに応じた追加の質問を考え、さらにその回答に即した質問を設定し最終的に「想定である」と誘導するフローチャートを、精を尽くして作成した。我々は、うまくできたと自画自賛していたのだが、あろうことか実際の法廷で検事がそのチャートを無視して質疑を進行してしまったのである。「台無しだ！」我々は傍聴席でため息を漏らした。

我々のやっていることは完全に黒子の仕事、苦労ばかりで面白くはなかった。しかし、総じて言えば、当時は常識として国が敗訴するなどあり得ないと考えられていたためか、どこか呑気な空気が漂っていた。ある日、時間に余裕があるときは、もっぱら他の電力会社の原発裁判を傍聴しに出張していた。ある日、大阪地方裁判所へ行ったのだが、予想外に傍聴希望者が多く、抽選になった。倍率はかなり高く、結果はやはり外れ、その時点でやることがなくなってしまった。そこで、大阪城やなんばの街を見物して帰ってきたこともあった。

万が一、国が敗訴してもそれは国の責任という思いが根底にあったのだが、現在は国が敗訴するケースが出てきている、まさに隔世の感がする。

各省庁では、国会の委員会などの政府答弁資料を作成するために、野党の質問通告を待つ「国会待機」があり、質問通告後に担当部署が割り振られ、資料作りが始まる。当時の通産省も例外ではなかった。原子力関係の質問がありそうな場合、東京電力にも「国会待機」がかかるのは日常茶飯事だった。待機が解除になるまで延々と待たされ、終電を逃すこともたびたびあった。なんのことはない、答弁資料を作成するのは通産省ではなく東京電力だったのである。

おそらく、現在もその構図は変わっていないと想像する。福島第一原発事故以降、国会での質問も格段に増えたであろうし、東京電力の肩代わり度も当然高くなったはずである。

腐敗した第二次公開ヒアリング

関係者の寿命が縮む第二次公開ヒアリング

原発への国民の理解と信頼をさらに深めるために、できる限り国民との意思の疎通を図ることが不可欠である。このため、原発の設置に当たり、地元住民等に対する設備内容などの説明とそれに対する意見を聴くための公開ヒアリング、及びその結果を当該原発の設置計画に反映する制度が整えられている。

公開ヒアリングには第一次と第二次があり、第一次公開ヒアリングは通産省が主催、東京電力が説明し、その後に開催される第二次公開ヒアリングは原子力安全委員会が主催し、通産省が説明する形式となっていた。また、公開ヒアリングの結果は報告書として公開されていた。

第二次公開ヒアリングは、原発の安全性に限定して、二次審査の序盤に行われた。安全審査では、乗り越えなければいけない一大イベントなのだが、これが完全に形骸化、茶番化していたのだ。

原子力安全委員会が主催し、通産省が地元住民等の疑問に答えるのであるから、東京電力は、完全に部外者であるはずなのだが、次に述べるように裏で暗躍しなければ第二次公開ヒアリングは成り立たないのである。この仕事に関わると、明らかに寿命が縮むと電力業界では言われていた。それほどの激務なのである。

東京電力の社内では、通産省対応班と原子力安全委員会事務局（科学技術庁原子力安全調査室）対応班がそれぞれ設置される。通産省対応班は、地元住民からの質問に対する回答や想定問答集を作成し、通産省と協議などを行う。原子力安全委員会事務局対応班は、会場の確保、協力会社（ゼネコン）の選定、現地（柏崎刈羽原発の渉外担当）との連絡調整などを行う。当然ながら両者とも、表向き完全に存在してはならないもので、黒子に徹する必要がある。

私は、後者の原子力安全委員会事務局の対応を行った。

第二次公開ヒアリングに当たって、反対派を除き積極的に質問を出す地元住民などほとんどいない。そこで、地元の有力者等に依頼することになる。そして、一時期マスコミでも批判された「質問の仕込み」をするのだ。質問内容は、東京電力で考え作成しなければならない。それを、応募・陳述して欲しいと依頼するのだが、地方議員、会社役員、サラリーマン、農業・漁業従事者、主婦等さまざまな立場になって考える必要があり、至難の業だった。中には手を抜く社員もいて、「主婦ですが、燃料の破損率は？　放射性よう素の放出率は？」とおよそ似つかわしく質問を作成する者もいた。しかし、結果それが採用されてしまったのには驚いた。

反対派の参加を制限するための画策

第二次公開ヒアリングの開催日は一九九〇年六月三日。会場はほとんどの場合、公共施設を利用するのだが、過去に反対派との混乱があったことを踏まえ、新潟県庁講堂に決定された。それほど大きな施設ではないものの、何より新潟県警本部に隣接しており警備面で優れているのが大きな決め手となった。開催は約二カ月前に告示されたが、東京電力は三カ月前から準備していた。告示後は、毎日原子力安全委員会事務局に顔を出さなければならない。地元住民からの質問や傍聴希望の往復はがきの届き具合を確認するためだ。

どちらにとっても、反対派が大勢を占めるのはまずい。理想的には九対一、すくなくとも八対二、最悪でも七対三程度に賛成派を多くする必要がある。したがって、質問や往復はがきが反対派からのものか判断し、もしそうであれば、来た数の五倍程度の質問や往復はがきを出すよう、柏崎刈羽原発の担当者へ手配する。傍聴希望の往復はがきでの応募には、東京電力社員やその家族も動員された。現在のようにインターネットが普及していれば、考えられないアナログなやり方である。

事務局からは、ワープロと人を寄こせと指令があった。パソコンがまだ普及していない時代だ。人は若手を出したが、ワープロには困った。東京電力は東芝製「ＲＵＰＯ」を使っていたが、先方からは富士通製「ＯＡＳＹＳ」が指定された。何とか裏技（印刷屋に架空の印刷物を発注し、その費用でワープロを調達してもらう）を使って、手配した。若手は事務局に常駐し、送付されてきた質問のワープロ入力や傍聴者リストなどの作成をした。

もちろん、質問の陳述者と傍聴者の選定に当たっては、事務局も当社の意向を配慮するのは間違いない。最終的に、東京電力の思惑通り、いずれも推進派の二〇人弱の陳述人と約二〇〇人の傍聴者が決定したが、事務局が恣意的に選んだのはいうまでもない。東京電力から依頼した陳述人へのお礼があったのは当然だ。あろうことか、金品が渡ったとの黒い噂も漏れ聞こえてきた。

会場の新潟県庁講堂には何度も下見に行った。会場設営、警備等には地元のゼネコン「福田組」を選定していたので、その担当者との打ち合わせを繰り返した。

当時、通産省が質問への回答をする際には、今や若い人は誰も知らないＯＨＰ（Over Head Projector）を使用していた。それもフィルムはモノクロであった。パワーポイントなど、もちろんない時代だ。しかし、通産省がカラーの、しかもスライドにしろと言い出した。「スライドはご勘弁を」と折衝したが、課長の強い意向とのことで覆ることはなかった。スライドのプロジェクターや通常より大きなスクリーンが必要となる。早速、新潟県庁へ飛び、機材の調達先を探すとともに、スクリーンの現場合わせを行い、ギリギリのところで何とか手配することができた。

スライドへの変更は通産省対応側へも大きな影響を及ぼした。ＯＨＰであれば、自前でコピー機により作成できるが、スライドとなるとそうはいかない。外注が必要となる。最終的に作成したスライドは、想定問答用も含め数千枚を超え、要した費用も一〇〇〇万円を軽く上回ることになったと聞いた。費用は、もちろん東京電力持ちである。それらの素材について、何回も通産省と打ち合わせを行い、コメントが出るたびに回答はもちろんスライドの作り直しも強いられた。それでまたスライドの枚数が増えていった。

開催日が近づいてくると、通産省の講堂でリハーサルが行われた。本番さながらで、通産省の回答者も必死であり、細かなミスや疑問は見逃さず指摘する。また、資料の修正が待ち受けている。佳境に入ると、毎日徹夜が続いた。心身ともに疲れ果てて、そのころみんながぼやいていたのは、前述のとおり「暗いうちに帰りたいなあ」だった。

通産省、原子力安全委員会及び事務局はもちろん、現地へ行く東京電力役員の宿泊や移動手段の手配を行い、列車の切符をそれぞれに配布した。また、原子力安全委員会事務局の事前の会場設営視察にも同行した。

東京電力社員は幽霊

さて、第二次公開ヒアリング当日、前日まで会場設営などで遅くなった私と上司一人は、ホテルに泊まることはできず、新潟県庁舎の一室を借り固い床の上で仮眠をとる程度だった。

そもそも会場に東京電力社員が存在することはあり得ないのだが、限られた人数が、隠れ家のような一室で待機した。そこは、通産省の楽屋と電話でつながっており、回答のアドバイスや突発的な質問が出たときの回答作りをするためである。東京電力役員は、別の場所の新潟分室にいることになっていたのだが、直前になって「ここで公開ヒアリング現場の状況を見たい」と注文を付けてきた。無理難題だ。これには本当に困った。

無理を承知で業者さんに相談したところ、現場の様子をテレビ中継できると聞いて、ほっと胸をなでおろした。同時中継ではなく、数秒のディレイを入れれば、電波法には触れないとのことだった。「なんなら東京まで衛星中継しましょうか」とも言われ、驚いた。新潟分室への受信用アンテナ設置はスムーズにいったが、新潟県庁講堂側は高い建物（行政庁舎）が障害となり送信用アンテナを設置できなかった。隣にある新潟県警本部の庁舎なら大丈夫ということで、お願いして設置させてもらった。県警へは簡単な説明では済まず、苦労したことを今でも思い出す。

会場の設営は、新潟県庁とはいえバリケードを設置するなど厳重なものだった。東京電力社員は会場にいないはずなので、私は「福田組」の作業服を借り、それを着て会場に入った。このため、下請けの業者さんから突然、作業の指示を求められ、何も答えられず四苦八苦したこともあった。

エアコンの代わりに氷の柱！

当日、新潟県地方は天気が良く、会場の室温はぐんぐん上昇した。資料を団扇の代わりに仰ぐ傍聴人が多くなってきたのを見て、通産省が窓を開けるよう指示してきた。新潟県庁担当者にお願いして開けてもらったが、あまり効果はなかった。すると、今度はエアコンを点けろといってきた。県庁側に依頼すると「規定上、エアコンを使用する時期ではない」と断られた。その旨を伝えると「何とか室温を下げろ」「もう一回頼んでみろと」と通産省はイライラを隠せない様子だった。こちらも当然のこと「何とかしなくては」と考えていた。

エアコンの稼働は難しく、大型の扇風機を設置するなどの対策も効果面で疑問符がついた。間髪入れずに、通産省は「会場に氷柱を立てろ」といってきた。「正気か？」一瞬耳を疑った。あまりに時代錯誤の方法であり再確認すると、

「窓全開でもダメなんだから、会場の空きスペースに何ヵ所か氷柱を立てて、少しでも室温を下げろ」

本気だった。「昭和の初期じゃないんだから」と呆れながらも、福田組に相談するしかなかった。氷柱は手配できる。が、それをどのように立てるかが問題だった。「人きなポリバケツを使いましょう」。その提案を実行することとなった。何と数十分後には、会場に大きなポリバケツの中に入った高さ身の丈ほどの巨大な氷柱が、七、八カ所に並んだ。傍聴人も唖然とした表情で、何ともいえない不思議な光景だった。こちらは臨機応変に迅速な対応を取ったのだが、室温は思いのほか下がらず、残念ながら期待した効果は得られなかった。

通産省対応班が籠っている部屋では、陳述人から質問が出るたびに「回答は何番です」と電話で伝えていた。質問内容は、反対派の分も含めあらかじめわかっており、それに応じた回答を作成し、何度もリハーサルを重ねているのだから、問題はないはずである。順調に推移していたが、ある一人の反対派陳述人から追加質問が出た。想定の範囲であったので、該当する問答集の番号を通産省へ伝えれば済む内容だった。しかし、なかなかそれを探せず時間がかかると、電話が何度もかかってくる。たまりかねた東京電力責任者が「早くしろ！」と激高する一幕もあった。

それを除いては首尾よく進行し、第二次公開ヒアリングは無事終了した。

主催者の原子力安全委員会関係者や通産省は安堵の表情でその場を後にしたが、我々はそうはいかない。撤収作業が残っている。それも決められた時間までに現場を復元しなければならない。とても打ち上げどころではないのだ。作業を終えようやくホテルにたどり着いた。何日かぶりにベッドで眠るような気がした。翌日、東京の本店に戻った際、上司に「ご苦労様でした」といわれたが、「本当の苦労などわかるまい」と心の中でつぶやいた。気が付くと着ていたスーツのズボンのウエスト部分が緩くなっていた。明らかに痩せていた。「この仕事やると寿命が縮むよ」。その言葉を思い出した。

第二次公開ヒアリングは終了したが、仕事が終わったわけではない。後に待っているのは、公開用議事録の作成だ。通産省と原子力安全委員会が協議した結果、現地ではカラースライドを使ったのだから、議事録もカラーにすることとなった。カラー版の報告書など過去に例のないことだ。しかし、悲しいかな拒むわけにはいかない。ヒアリングの模様を録音したテープを外注に出し、文字起こしをしてもらった。

議事録としてまとめていく段階で、どうしても通産省の発言で聞き取れない部分があった。回答の冒頭なのだが、どうしてもわからない。回答原稿を見ると「先ず」とあるが、「マズ」とは聞こえないのだ。みんなで悩んだ末、ようやくわかったのは、何と「マズ」というところを「サキズ」と言っていたのだ。これには驚き呆れた。極度の緊張によるものなのか、もともと漢字が読めないのか。そういえば、未曾有を「ミゾウユウ」と読んだ総理もいた。本人の名誉のために名前は明かさない。A安全審査官としておく。議事録は発言に忠実であるべきだから、「先ず」に「サキズ」とルビを振るべきだと主張する者もいたが、あまりにもかわいそうなので止めておいた。

安全審査書の原案は東電が作っていた

「今回の公開ヒアリングの費用の件について話をしたい」。科学技術庁から電話があった。意外だったが、すぐに駆けつけた。会議室には、経理担当も参加していた。経理担当は「公開ヒアリング開催にかかった費用をお支払いしたいので、請求書とその内訳を出して欲しい」と言う。そして間髪入れずに「ただし、金額はゼロを一つ削除して欲しい」と付け加えた。「やっぱりそうか」と納得してはみたものの、請求書を作るほうのことも考えろと腹が立った。

そうなると、東京電力が一切の業務を依頼した「福田組」に頼むしかなかった。「福田組」も東京電力宛ての請求書と事務局宛ての請求書、二つ作成しなければならない。経理上どう処理するのかは知らないが、手間がかかるのは間違いない。指示通りの請求書を出したが、公開ヒアリングに実際に要した費用は億単位であり、それを一〇〇〇万単位で済ませてしまう科学技術庁。これで会計検査が通ってしまうのだから呆れるばかりだ。

まだある。原子力安全委員会は「公開ヒアリングにおいて寄せられた意見等の斟酌状況について」をまとめて、答申の際に公開しなければならない。つまり、安全審査に当たっては地元住民の声をよく聴き、十分に斟酌して適切な処置をとっています、との姿勢を示すのが目的だ。だったら、「自分たちで斟酌したら」「せめて事務局がやれば」と思うのが当然だ。しかし、原案作成や完成版の印刷は東京電力の役目だ。もとはと言えば、質問を作ったのも東京電力だし、それにどう対処しているかも東京電力が考えろ、という発想だ。

ここまででも信じられない実態が少しでもわかっていただけたと思うが、安全審査結果を記した安全審査書も、実は東京電力が原案を作成し、確定後、印刷・製本している。安全審査は、東京電力が一手に引き受けている自作自演と言っていい。

こんなことを書くとひんしゅくを買うのは必至だが、今問題となっている財務省の公文書改ざんなど、自分で作成している点でまだましだと思えてくる。

「安全審査」とは名ばかりで、アリバイ作りの時間稼ぎに過ぎない。こんな腐敗しきった安全審査システムで「安全」と判断されたのが柏崎刈羽原発六、七号機なのだ。とんだまやかしだ。まだ、「絶対に安全だとは私は申し上げません」と言って憚らなかった原子力規制委員会田中俊一元委員長のほうがずっとまともに思えてくる。

第4章

日本で原発を再稼働してはいけない三つの理由

ここで「三つの理由」としたが、三つすべてがそろった場合再稼働してはならないのではなく、一つでもそれは許されないという意味である。むしろ、再稼働してはいけない理由が現状で三つもあるととらえていただきたい。

すなわち、①核のゴミの処理場がないこと②「世界一厳しい規制基準」は大嘘であること③「住民の避難計画」ができていないこと、である。以下順に説明していく。

核のゴミ（高レベル放射性廃棄物）の最終処分場がない

原発はトイレなきマンションである

現在、わが国の方針では、原発で使い終わった燃料、すなわち使用済燃料は、再処理工場へ送られることになっている。ここで、燃料は細断・溶解され、化学的処理により、再利用可能なウランやプルトニウムが抽出・回収される。

その際に、核分裂生成物を含んだきわめて放射能レベルの高い廃液が残る。この廃液を、高温で融かしたガラスと混ぜ、円筒形のステンレス容器に入れて固め、「ガラス固化体」（直径約四〇センチメートル、高さ約一三〇センチメートル、重さ約五〇〇キログラム）にする。これを、高レベル放射性廃棄物、いわゆる「核のゴミ」と呼んでいる。

ガラス固化体は、長期間の安定性を有する化学構造であるとされるが、発熱し高温状態を保ち、かつ人間が接近した場合約二〇秒で死に至るほど高い放射能がある。このため、その扱いには十分な慎重さが要求される。

青森県六ヶ所村にある日本原燃再処理工場は、一九九三年四月に着工したものの、いまだに完成していない。度重なるトラブルにより、二三回もの竣工延期をしており、その間、建設費は、当初の約七六〇〇億円から、約二兆二〇〇〇億円と約二・八倍にまで膨らんでいる。驚いたことに、二〇一七年七月になって、さらに七五〇〇億円増えて約二兆九〇〇〇億円になるとの報道があった。もはや破綻状態だ。したがって、この工場からガラス固化体は、まだ発生していない。

ただし、各電力会社はイギリスとフランスの海外工場へ再処理を委託していたため、そこから返還された約一八三〇本のガラス固化体が存在する。これらは、六ヶ所村にある日本原燃高レベル放射性廃棄物貯蔵センターに一時貯蔵されている。このほか、茨城県東海村の日本原子力研究開発機構にある小規模な再処理工場から、二五〇本のガラス固化体が発生している。二〇一八年六月末現在、国内で一時貯蔵されているガラス固化体は、合計約二〇〇〇本である。

現時点で、国内には六万体以上の使用済燃料が貯蔵・保管されているが、これらをすべて再処理すると、約二万五〇〇〇本ものガラス固化体が発生する。こんなに大量のガラス固化体をどうするのか、どこに処分するのか、まったく目処が立っていないのである。原発が「トイレなきマンション」と揶揄される所以である。

以前（一九六〇年〜七〇年代）は、日本海溝などの深海に沈める「海洋処分」が考えられていた。関連する法令もあった。また、ロケットに載せて打ち上げ、宇宙空間に隔離する「宇宙処分」や、南極の大陸氷床に処分する方法なども模索された。今思えば、ずいぶん呑気なことを言っていたものだが、それもわが国が得意とする「棚上げ先送り」体質のなせる業と言わざるを得ない。いずれの方法も環境問題や技術の信頼性の問題から現実的ではない、と却下されたのは当然の結果であろう。

そこで、二〇世紀も終わりに近づいたころ、ようやく地下三〇〇メートル以深の深い安定地層に埋設し、人間の生活環境から隔離したうえで、一〇万年以上の年月をかけて放射能を安全なレベルまで減衰させる「地層処分」を採用することが決定された（「特定放射性廃棄物の最終処分に関する法律」二〇〇〇年六月公布）。

ノット・イン・マイ・バックヤード「Not In My Back Yard」

二〇〇〇年一〇月、地層処分の実施主体として、原子力発電環境整備機構（NUMO）が設立され、二〇〇二年から全国の市町村を対象に処分地（最終処分場）の公募が開始された。条件として、応募した市町村には多額の交付金を支給する。たとえば、文献調査で年間一〇億円、ボーリング調査で年間二〇億円など、「札びらで頬をたたく」やり方だった。しかし、なかなか手を挙げる自治体は現れなかった。

そんな中、二〇〇七年になって、突然、高知県安芸郡東洋町が応募した。これが、交付金目当ての町長の独断によるものであったため、町民が反発し、町長リコールの動きが出始めた。それを機に町長は辞職し、出直し選挙に臨んだが、反対派候補が当選したため、応募は取り下げられた。

これまで東洋町以外に応募した自治体はない。福島第一原発事故前でさえ、こういった有様であることから、事故後はいわずもがなである。当初、二〇二八年処分地決定、二〇三八年までに処分開始の予定であったが、計画は白紙に戻された。

無理もない。一般のゴミ焼却場の建設を巡っても住民の反対運動が起きる世の中だ。百歩譲って、原発は放射能を内包するものの電気を作り出すといったプラスの側面があるが、最終処分場は何も生み出さず、放射能しかないネガティブなイメージが際立つのみであるからだ。

ＮＩＭＢＹという言葉がある。〝Not In My Back Yard〟の略語で、意味するところは、「自分の裏庭以外なら」。すなわち「公共事業としての必要性は認めるが、自分たちの住む場所に作るのは反対」とする住民の姿勢を意味する。最終処分場は、このＮＩＭＢＹによって忌避される施設の最たるものと言える。

六ヶ所村再処理工場が頓挫する状況で、使用済燃料を再処理せず、廃棄物としてそのまま処分（埋設）する方式（「ワンスルー方式」と言う）も検討されたが、埋設に必要とされる容積がガラス固化体の場合に比べ約二二倍と大きくなることから、よりハードルは高い。

今は世界的に見ても、地層処分が指向されている。アメリカ、イギリス、フランス、ドイツ、スウェーデン、フィンランドなどである。この中で、実際に処分が行われているのは、フィンランドのオンカロ（小泉純一郎元首相が視察した後、反原発に転じたことで知られる）のみである。ワンスルー方式が採用され、処分する地層は何万年も変動していないという、日本とは比べものにならない安定したものである。他国はいずれも検討段階にある。

私も、NUMO（原子力発電環境整備機構）設立当時、地層処分の研究に何年か従事したことがある。会議室で大のおとなが、テーブルを囲んで真剣に一〇万年後の議論をしている。「ガラス固化体の変質・劣化はないか」「地下水の流れの変化は」「地殻の変動は」……。

何年もやっているうちに、いい加減嫌気がさしてきた。一〇万年後、「自分は生きているはずはない」「東京電力は存続しているのか」「果たして日本という国は存在しているのか」「それより地球はあるのだろうか」と、あまりにも現実離れした話に、さまざまな疑問が頭をよぎったからである。何とも滑稽な光景ではないか。おまけに処分地が決まる気配はまったくない。仲間うちでは、青森県は「最終処分場にはしない」との確約を国と交わしているものの、「なし崩し的に六ヶ所村でやってもらうしかないね」と話し合っていたのを思い出す。

世界が懸念する日本のプルトニウム保有量

福島第一原発事故以降、国は処分地の公募方式を見直し、「国が科学的有望地を提示し、調査への協力を自治体に申し入れる」と、前面に立つ姿勢を示した。二〇一五年五月のことだ。

これを受け、経済産業省資源エネルギー庁は、全国シンポジウム「いま改めて考えよう地層処分」と並行して、全国の自治体の担当者を対象に、原子力政策に関する説明会を開催した。この自治体向け説明会が非公開で行われていることについて、一部マスコミから批判があり、国会でも問題となった。「公開で行った場合、参加・発言をしただけで報道の対象となることが懸念され、参加・発言を控える自治体が出ることが見込まれたため、非公開しした」との理由らしいが、二〇一七年から報道関係者には公開された。だが、一般市民は、蚊帳《かや》の外のままだ。

二〇一七年七月、政府は最終処分場の候補となり得る地域を示した全国地図「科学的特性マップ」を公表した。これによれば日本国土面積の約三割に適性があるという。山間部を除けば、日本全国どこでも大丈夫と取れる。私の実家周辺も含まれているし、なんとあの高知県東洋町まで適地になっているのだ。まさにブラックジョークだ。

「科学的有望地」とそれらしく言うが、さまざまなプレートが入り組み、地震や火山活動が盛んな地殻構造である日本列島に一〇万年以上安定な地層が存在するのか、大きな疑問を拭い切れない。将来を見通せない状態のまま、原発の再稼働を進め、これ以上核のゴミを増やしてはならない。

これ以上増やしてはならないとの観点から、忘れてはならないことを追記しておく。それは、わが国が保有するプルトニウムである。その量は、現時点で約四七トン、原爆約六〇〇〇発分に相当する、すさまじい数字である。これは、原子力の平和利用を前提として、再処理が例外的に許容されている結果である。

本来であれば、プルトニウムは「もんじゅ」等の高速増殖炉で利用して、使った量以上の新たなプルトニウムを生み出す計画であり、準国産エネルギーの源となるはずであった。しかし先駆けとなる夢の原子炉「もんじゅ」は、見てのとおりトラブル続きで行き詰った末、廃炉が決定されている。次の段階（実証炉から商用炉）へつながる可能性は絶望的である。苦肉の策であるプルサーマルも当てにはできない。プルサーマルとは、通常の原発で、ウランと混ぜた「MOX燃料」としてプルトニウムを使用することである。

こうした状況を背景にして、世界から「日本は核武装するのでは」との疑念が示されている。核拡散防止のため、余剰プルトニウムを持たないと定められた日米原子力協定に抵触する恐れがあり、「潜在的核保有国」と呼ばれても仕方がない。実際、アメリカなどから削減を求められているとの報道もあった。

高速炉計画やプルサーマルの継続は、世界に対する日本政府のただの言い訳に過ぎない。消費されるプルトニウム量は微々たるもので、まさに「焼け石に水」状態。疑念の払拭にはつながらない。仮に、六ヶ所村の再処理工場が稼働したならば、プルトニウムの量はもっと増える。原発の再稼働は、それにさらに拍車をかけることになる。

いっそのこと、六ヶ所村再処理工場をあきらめ、核燃料サイクルをすべて止め、使うあてのない大量のプルトニウムを放棄してはどうか。そうすれば、疑念は晴れ、ひいては世界の核廃絶にも貢献できるのではないだろうか。

私も関わった高速増殖実証炉の概念設計

二〇一六年一二月二一日、政府の原子力関係閣僚会議は方針通り「もんじゅ」の廃炉を正式決定した。遅きに失した感があるが、当然のことだ。これまで一兆円以上の事業費が投じられてきたにもかかわらず、二〇年以上何の成果も出さず、維持費だけでも年間二〇〇億円もかかっている。これ以上ない税金の無駄遣いだからだ。政府は責任を取る必要がある。

高速増殖炉の開発は、一九五〇年代にまで遡《さかのぼ》る。私も、一九八〇年代「もんじゅ」の次段階である高速増殖実証炉の概念設計業務に携わったことがある。当時の計画では、「実証炉」は二〇一〇年にはとっくに運転を開始し、二〇三〇年には営業運転をしているはずだったが、この有り様である。

また、そのころは「もんじゅ」の建設の最盛期であり、建設主体は「動力炉・核燃料開発事業団（動燃）」（当時）であり、プロパーに加え、各電力会社、原発メーカー等からの出向者により組織されていた。建設関係者に聞いたところ、「もんじゅ」の建設は混乱しているということだった。国家プロジェクトであることから、さまざまなメーカーが関与しており、設備は継ぎ接ぎで、まるでモザイクのようだ。また、建設が中途であっても、予算が付くまで作業が続行できず停滞するなど、信じられない状況にあった。

一九九五年一二月、ナトリウム漏洩事故が発生し、事故への対応の遅れや、ビデオ公表を巡って動燃による事故隠しが問題となった。ちなみに、このときの「もんじゅ」の建設所長は、三〇年近くも動燃へ出向し続けている東京電力の社員だった。この社員（仮にB氏と呼ぶ）は、「原子炉等規制法」に違反して虚偽の報告をしたと地元住民らにより告発されたが、起訴は免れた。その後、B氏は東京電力に戻ったが、マスコミ等の追及は避けられない状況だった。このため、外部との接触を避け、社内に匿われる形でひっそりと残りの会社生活を送った。

私は、たまたま同じ職場に勤務していたのだが、定年退職を迎えたB氏が、後輩たちの「退職金はどのくらいですか?」の問いに、「片手では足りないかな」と、はにかみ気味に応じていた姿が今でも頭から離れない。自分と比較して昔はそんなに高額だったのかと。

政府が核燃料サイクルにこだわる理由

「もんじゅ」の廃炉は決定されたものの、核燃料サイクルの堅持と「増殖」の文字を削除した「高速炉」の研究開発は維持するのだという。フランスが計画している「ASTRID（アストリッド）」と連携し、日仏共同研究を進めながら「高速実証炉を国内に建設する」開発方針が示された。「『もんじゅ』から一定の知見が得られた」からだという。これは腑《ふ》に落ちない。なぜなら、フランスの実証炉「スーパーフェニックス」はトラブルにより廃炉を決定した経緯がある。したがって「ASTRIO」には不確定要素が多く、予算不足・規模縮小・計画の長期延期などの情報もあるため、前途は必ずしも明るいとは言えない。結局、お金を出すだけになりかねない。

また、結果的に「もんじゅ」は失敗に終わったのに、その総括もせず、原型炉をスキップして、いきなり実証炉の建設とは納得することができないのである。

なぜ、政府はここまで核燃料サイクルにこだわるのか。「もんじゅ」を廃炉にすれば、青森県六ヶ所村の再処理工場は必要なくなってしまう。そうなると青森県は、六ヶ所村再処理工場で保管している大量の使用済燃料をすべて全国各電力の原発へ返還すると言い出す。ただでさえ、保管場所に窮している使用済燃料である。これを回避するためには、政府は「もんじゅ」に代わる高速炉開発を続行し、核燃料サイクルを堅持すると言わざるを得ないのである。

また、「もんじゅ」の廃炉の決定に対し、地元福井県の西川一誠知事や渕上隆信敦賀市長は反発し、強い憤りを示した。

「地元はもんじゅに積極的に協力してきた。あやふやな形で店じまいをするようでは困る」「（廃炉を）容認しない」（西川知事）

「立地地域として協力し、国とは信頼関係があったはずだが。もう少し腹を割って話してほしかった。納得できない」「地元をないがしろにし、何の配慮もないまま廃炉が決定されることには非常に憤りを感じる」（渕上市長）

などである。国は、これらに対応するため、新たな高速実証炉を福井県に建設することに含みを持たせ、地元への配慮を示したとも言える。

どの原発にも共通することだが、廃炉ともなると地域振興策や雇用面で恩恵を受けてきた地元自治体の反発が立ちはだかる。この原発と地元の関係、すなわち地元経済への影響は解決すべき大きな課題であるが、これについては後述する。

夢に終わった核燃料サイクル

「もんじゅ」の廃炉ではっきりしたのは、五〇年以上描き続けてきた核燃料サイクルは経済的にも技術的にも実現困難で、完全に破綻したことである。シェールオイルやシェールガスの開発により、過去の「すぐにでも化石燃料は枯渇する」という理屈は、現在成立しなくなっている。また、ウランの供給予測を見誤ったことも大きく原因している。「夢の原子炉」はあくまで「夢」に過ぎなかったということだ。これで再処理工場も必要なくなった。原発の再稼働が不要なのはいわずもがなである。

いずれにせよ、「もんじゅ」の廃炉には三〇年で三七五〇億円以上かかると試算され、燃料取り出しやナトリウムの除去・処分等、技術的にも難題が多い。場合によっては、期間や費用は増加することが予測される。政府が優先すべきは、この問題への対処であり、「もんじゅ」の失敗の検証や総括をしないまま、場当たり的に新たな計画を打ち出すなど、あまりにも無責任であり、これ以上莫大な税金の無駄遣いを許すことはできない。

奇しくも二〇一八年六月、日米原子力協定が三〇年の満期を迎え、自動延長となった。政府は「プルトニウム保有量の削減に取り組む」としたが、現実と大きくかけ離れているのは否めない。アメリカでも日米原子力協定への否定論は根強いと言われ、いつトランプ大統領が日本の「非核化」を言い出すか、すなわち日米原子力協定の見直しあるいは破棄を言い出しても不思議ではないと私は考えている。

ちなみに、アメリカをはじめとする海外の懸念はもちろん、前述した保有するプルトニウムの核兵器への転用だ。気休めかもしれないが、核保有論者が主張するとおり、仮に日本が核兵器を作ったとしても、実験する場所がない。だから、真の核保有国にはなれないのだ。だったら「核実験を北朝鮮に委託すればいい」……というのは悪い冗談だが。

「世界一厳しい基準」は大嘘である

安倍首相の大嘘「世界一厳しい基準」

日本政府は、まるで福島第一原発事故などなかったかのように、「原子力規制委員会により新基準への適合性が確認された（その後「原子力規制委員会が安全と判断した」との表現で定着）原発についてはその判断を尊重し再稼働を進める」としている。また、安倍晋三首相は、「世界一厳しい基準」と豪語する。「それなら適合した原発は安全なのだ」と、多くの国民は思っているのだろう。果たして、本当に「世界一厳しい」のであろうか。

二〇一三年九月、アルゼンチンで開催された国際オリンピック委員会（IOC）総会のオリンピック東京招致最終プレゼンテーションで、福島第一原発の汚染水問題については「状況はアンダーコントロール」「汚染水は、〇・三平方キロメートルの港湾内に完全にブロックされている」と、安倍首相は大見得を切った。ところが、後日、福島第一原発を視察した安倍首相は、福島第一原発小野明所長（当時）にあろうことか、「例の〇・三（平方キロメートルの範囲）は（どの辺りか）？」と尋ねていたのだ。

この状況は、同行したマスコミのテレビカメラとマイクがとらえていたはずなのだが、テレビは一切報道せず、一部の新聞が取り上げネット上で話題になっただけであった。それよりも、そのテレビは、やるに事欠いて安倍首相が着ていた防護服の胸に付けられた名札に記された「安倍」の「倍」の字が間違っていた、つまり「安部」になっていたと放映した。まるで「作成した東京電力は首相に対して失礼だ、けしからん」といわんばかりの本質を外れたどうでもいい内容で呆れてしまった。

一国の首相として、こんな無知・無責任な発言をする、つまり平気でウソをつくお方が自慢する「世界一厳しい」をにわかに信用できないのは、私だけではないだろう。

一方で、当時原子力規制委員会の田中俊一委員長が、「安全か、安全じゃないかという表現はしない」「絶対に安全だとは私は申し上げません」と繰り返し発言していたことを忘れてはならない。

新基準は「対症療法張りぼて基準」

新基準を「対症療法張りぼて基準」と、私は呼んでいる。その理由を以下に述べる。
まず、わが国のみならず世界中の原発で貫かれている安全設計思想である、国際原子力機関（IAEA）の「深層防護（Defense in Depth）」について触れる。
この深層防護（電力業界では軍事用語だとして「多重防護」と呼び替えることが多い）は、次の五つの層から成り立っている。

第一層　異常の発生を防止する
第二層　異常発生時に、その拡大を防止する
第三層　異常拡大時に、その影響を緩和し過酷事故への発展を防止する
第四層　過酷事故に至っても、その影響を緩和する
第五層　放射性物質が大量に放出された場合、放射線影響を緩和する

大量の放射性物質を内包する原発では、一つの対策がうまくいかなかったときは次の対策で、

それが破られたときには、さらに次の対策でと、第五層までの対策を設け、放射性物質を外部に出さない、あるいは影響を最小限に抑えるという基本的な考え方が取られている。

第一層から第三層までは、設計で対応するもので、異常運転や故障の防止・制御、事故の制御を目的とする。非常用炉心冷却設備（ECCS）などの設置により、冷却材喪失事故に対処する（このような事故を「設計基準事故」という）。第四層は、炉心溶融のような過酷事故（シビアアクシデント）の発生時における対策を立てる。これを、アクシデントマネージメント（AM）と呼ぶ。第五層は、緊急時対策、避難計画などの策定により、人命に危険が及ばないようにするものである。

福島第一原発事故では、さまざまな対策が打ち破られ、第五層まで到達する結果となった。特にハード面で第四層に不備があったことに鑑み、これらの強化を中心として新基準の策定が行われた。具体的には、次のとおりである。なお、第五層もまったく機能しなかったが、新基準では対象外とされている。実をいえば、最早この時点で「世界一厳しい基準」と呼ぶことなどおこがましい。これについては後述する。

・大きな地震であったため耐震基準を強化（第三層）
・大津波が襲ったため背の高い防潮堤を設置（第三層）

・全電源喪失が発生したため電源車を配備（第四層）
・建屋内に浸水したため扉の水密性を高める（第四層）
・冷却機能がなくなったため注水ポンプを設置（第四層）
・冷却用水源がなくなったため貯水池を設置（第四層）
・重要免震棟が奏功したためこれを設置（第四層）
・ベントで放射性物質が放出されたためフィルタ付きベントを設置（第四層）　等々

ちなみに、これらの新基準案に対して一般の意見を聴くためパブリックコメントの公募が行われた。私もこれに応募し、「溶融して落下する燃料を受け止め冷却するコアキャッチャー」と「機密性の高い二重格納容器」の設置を求めた。この意見に対する原子力規制委員会の見解は、「安全対策として排除するものではない」と、いかにもお役所的なものであった。結局、これら二つの設備が新基準に盛り込まれることはなかった。なお、「コアキャッチャー」や「二重格納容器」は、ヨーロッパの最新型原発では採用されている。

何が起きても不思議じゃない

新たに強化や新設が求められている対策は、福島第一原発を襲った地震や津波といった現象や、それに伴う事故の経過がそのまま再発するとしたら、効果を発揮するであろう。しかしながら、そもそも発生頻度が一原子炉当たり一〇〇万年に一回程度で、「工学的には起こり得ない」が通説だった炉心溶融事故が、実際に起きてしまったのである。しかも、同時に三つの原子炉で、である。その発生頻度は（一〇〇万年に一回）×三、と天文学的数字になる。これが何を意味するかといえば、「何が起きても不思議ではない」、つまり「何でもあり」の世界まで到達してしまったということである。だとすれば、新基準はあまりにも付け焼き刃的過ぎると言わざるを得ない。

新基準は「テロ対策」（実は福島第一原発事故は、原発の抱えるアキレス腱を露呈し、テロリストにとって格好のヒントを与えたと私は考えている）にも踏み込んだとされるが、これに関連して、「原発が弾道ミサイルの攻撃を受けたら、どのぐらい放射性物質が出るのか」と、山本太郎参議院議員が国会で質問した。これに対して、政府は「国民の生命・財産を守るため、平素より、弾道ミサイル発射を含むさまざまな事態を想定し、関係機関が連携して各種のシミュレーションや訓練を行っているところである」としたうえで、「原発へのミサイル攻撃の事態は想定していない」とにべもない回答をした。結局「仮定の質問であり、お答えすることは差し控えたい」とする逃げ口上に行き着いてしまったようだ。

ここで、弾道ミサイルを発射するのは北朝鮮であり、テロの範疇《はんちゅう》を出るものかもしれないが、原発にミサイルが着弾したならば、壊滅的な被害が出るのは自明である。普通のミサイルが核弾頭と化してしまうのであるから、北朝鮮にその気があれば、お誂《あつら》え向きの標的であろう。それは、当然政府も理解しているはずである。そこで、「自衛隊がアメリカ軍と協力をしつつ、弾道ミサイルシステム、具体的には、イージス艦とＰＡＣ３の二段階対応でこれを迎撃する」といった好戦的な態度を示している。だが、その実効性には疑問があることから、日本政府はそのような不測の事態が発生しないよう外交交渉を徹底して行う姿勢を見せていくべきではないだろうか。

話が少し逸れてしまったが、新基準に関してさらに言えば、本当に深層防護思想で事足りるのか、根本的に見直し、原点に立ち返って安全設計思想を一から再構築する必要はないのか、そういった議論の余地があるのではとも考えられる。もし、その議論を始めたならば、長期間を要するのは必至であり、一年やそこらで終わる話ではない。

ところが、原子力規制委員会は一年程度で新基準を作り上げた。まるで、早く再稼働してください、といわんばかりに。そのうえ、「安全基準」だったものを「規制基準」と換言した。前述した田中委員長の発言の文脈に由来するのだろう。

いったい、どこが「世界一厳しい基準」なのか、お世辞にもそんなことはいえない。笑止千万である。

日本の全原発が原子炉立地審査指針には不適合

付け加えると、旧原子力安全委員会の指針に「原子炉立地審査指針」というものがあった。これは、技術的見地からみて、最悪の場合には起こるかもしれないと考えられる「重大事故」と、技術的見地から「重大事故」を超えるような事故が起こるとは考えられない「仮想事故」を想定する。それぞれの事故で、放出される放射性物質の量から被曝線量を算定し、近隣の人口密集地からの離隔距離との関係で、原発の立地の妥当性を評価する。

算定される被曝線量は比較的低いものの、近隣にたとえば東京のような大人口密集地があると指針を満足することができない。したがって、原発は都会から遠く離れた過疎地に設置されてきたわけである。想定していた量をはるかに超える放射性物質が放出された福島第一原発事故が起きた現在、実際の放出量を用いて再評価した場合、日本国内すべての原発の立地条件が不適切・不適合となってしまう。

しかし、ここでは詳述しないが、原子力規制委員会は姑息ともとれる「シビアアクシデント対策の有効性評価において、放射性物質の総放出量に対する判断基準により対応」と巧妙なレトリックでこれらを正当化している。

避難計画の不備は人命軽視である

「原子力災害対策指針」の改定

福島第一原発事故では、満足な避難計画（深層防護思想の第五層）がなかったため、周辺住民の避難は混乱を極めた。避難の指示は一元化されておらず、避難対象範囲も明確ではなかった。このため、主要道路は大渋滞し迅速な避難ができず、また、わざわざ放射線量の高い方向へ避難し、無用の被曝を余儀なくされた住民もいた。さらに、入院患者を多く抱える病院では、避難が遅れたことが原因となり、患者の容体が悪化し死に至る、いわゆる関連死も多数出るという信じ難い事態が発生した。国をはじめとして、関係自治体、東京電力は猛省しなければならない。

事態を省みて、原子力規制委員会は、「原子力災害対策指針」を改定（策定）した。その目的に、「原子力事業者、国、地方公共団体等が原子力災害対策に係る計画を策定する際や当該対策を実施する際等において、科学的、客観的判断を支援するために、専門的・技術的事項等について定めるもの」とある。

もとより、防災計画を策定するのは、都道府県および市町村であり、文字通りその際の指針となるものであることに注目する必要がある。国は、あくまで防災計画を策定する都道府県および市町村に対する支援をするのみなのである。この理由として、災害発生時に「原子力災害対策本部長」となる安倍首相は、「防災計画、避難計画は、地域の状況に精通した自治体が策定する」と述べている。

指針改定のポイントは、次のとおりである。

①原発から概ね半径五キロメートル圏内の放射性物質が放出される前の段階から予防的に避難等を行う区域（ＰＡＺ：Precautionary Action Zone）とＰＡＺの外側の概ね半径三〇キロメートル圏内の予防的な防護措置を含め、段階的に屋内退避、避難、一時移転を行う区域（ＵＰＺ：Urgent Protective Action Planning Zone）を設定したこと、

②避難等の防護措置を発動する判断基準に新しい概念が導入された。新しい概念とは、原発の状態等に基づく、三段階（警戒事態、施設敷地緊急事態、全面緊急事態）の緊急事態区分を導入し、その区分を判断する基準（ＥＡＬ：Emergency Action Level）を設定したうえで、ＥＡＬに応じ、放射性物質の放出前に避難や屋内退避を行うものである。

すなわち、ＰＡＺでは、ＥＡＬで警戒事態、施設敷地緊急事態、全面緊急事態のいずれかが決まれば、避難するかどうかが決まる。また、ＵＰＺでは、全面緊急事態となった場合、放射

性物質の放出前の段階において、屋内退避を実施。その後、原子力災害対策本部が、緊急時モニタリングの結果（ＯＩＬ：Operational Intervention Level）に基づき、空間放射線量率が一定値以上となる区域を特定。緊急に避難等を実施する「ＯＩＬ１」は毎時五〇〇マイクロシーベルト、「ＯＩＬ２」で毎時二〇マイクロシーベルトになると、一週間程度のうちに一時移転の指示が出る当該区域の住民は原子力災害対策本部の指示により一時移転を実施するというものである。

原子力業界特有の頭字語の羅列で、一般には非常にわかりにくいことこのうえない。また、ＵＰＺでは避難中の被曝は避けられないこと、ＳＰＥＥＤＩ（緊急時迅速放射能影響予測ネットワークシステム）の活用が削除されたこと、ＵＰＺ外の対策は必要ないのかなどの疑問が残る。

避難計画に注目すべき

この改定指針に従い、全国の関係自治体は防災計画を策定したとされている。その中でも周辺住民にとって、生命にかかわる重大な問題となる避難計画には注目しなければならない。

避難手段（自家用車、バス、船舶、鉄道、ヘリコプター）、避難経路（陸上、海上、空路）、集団避難の場合の集合場所、避難先、被害弱者（国のいう要配慮者：入院患者、要介護者など）の避難、シミュレーション、訓練など、住民の視点に立つとともに最新の知見を取り入れた、実効性のある避難計画となっているのか、しっかりと検証する必要がある。

まず、避難手段・経路について、各住民が自家用車を使用するのは現実的ではない。道路が渋滞するのは目に見えているからだ。原発立地は過疎地であることは前述したが、道路網は都会に比べれば脆弱であり、使用道路は限られることから、より渋滞に陥りやすい。それ以外のバス、船舶、鉄道、ヘリコプターは、運転手や操縦士の確保や被曝の問題、強風・高波、大雪など荒天の場合利用できるのか疑問である。また大地震、津波などとの複合災害の場合はいずれも利用困難であろう。

集団での避難となるため集合場所が必要となり、そこまでたどり着けるのか、集合するまでに被曝するといった問題も生じる。

避難先に関しては、受け入れ側の了解は得られているか、収容人数は十分か、放射線遮蔽《しゃへい》(防護)性能・耐震性はあるか、放出経路を避けるため方角に多様性を有するかなどの課題がある。病院や特別養護老人ホームに対して、自治体として主体性のある計画になっているか。具体的には、救急車などの特殊車両や医療・介護用品がきちんと確保されるかが課題となる。

災害の規模・影響や避難に要する時間などのシミュレーションが行われ、それに応じた、より現実的な訓練が行われているか、全員参加が難しいことを考慮すれば重要なポイントである。

四国電力伊方原発の場合

他にも課題があると推測されるが、すべてを満足する避難計画を策定するのは容易なことではない。具体的に見てみよう。

二〇一六年八月、再稼働した四国電力伊方原発三号機は佐田岬半島の付け根にあり、原発西側のPAZ相当の区域には約五〇〇〇人の住民が暮らしている。避難計画では、国道一九七号線が避難経路に指定されているが、原発の付近を通行するため危険が伴うとともに、渋滞が予想される。国道が使用できない場合、港から船舶で大分県に避難することになっている。しかし、悪天候の場合や津波警報が出ているときにどうするか懸念される。実際地元の方に聞いた話だが、「避難訓練のとき海が荒れ、避難用の船が運航できなかったのです。笑うに笑えませんでした」とのことだった。

集落のほとんどは、国道から離れた海側の傾斜地にあるというが、国道まで辿《たど》りつけるのか、また土砂災害で孤立してしまう恐れがある。国道、船舶ともに利用できない場合は、屋内退避となるが、住民のあいだでは、熊本地震があったこともあり、不安が高まっているという。

伊方町内には、放射線遮蔽が施された施設が七カ所あるのだが、うち四カ所は土砂災害警戒区域に指定されている。町民の四割以上が六五歳以上の高齢であることもあり、「『陸の孤島』になってしまう」といった不安の声が上がっている。これに対して、中村時広愛媛県知事は「福島と同じことは起こることはない。考えられる最高の安全対策は施されている」し楽観的に話している。

熊本地震で、避難手段に指定されている国道や九州新幹線が寸断されたこと、避難先となる多くの建物が損壊したことなどで、九州電力川内原発の周辺住民の不安が募った。これを受け鹿児島県知事三反園訓氏は、避難計画を見直す方針を示したうえで、九州電力に対し、川内原発の一時停止を求めたが、同電力は応じようとはしなかった。

一方、関西電力高浜原発では、関西の市民団体の代表者らが、避難計画に不備があると指摘した。すなわち、UPZに該当する高浜・おおい・小浜・若狭の四市町計約四万六〇〇〇人の放射能汚染検査場所は、高浜、おおい両町が京都府綾部市の総合運動公園、おおい町名田庄地区は同南丹市の美山長谷運動広場である。だが、小浜、若狭の二市町は決められていないという。

さらに、再稼働した高浜発電所三、四号機について、滋賀県内の住民が運転差し止めを求めた仮処分申請に対し、大津地方裁判所はこれを認める判断を下した。裁判所は、近隣自治体が定めた事故時の避難計画について、「国主導の具体的な計画の策定が早急に必要」とし、同計画に疑問が残ることを指摘した（その後、二〇一七年三月、大阪高裁が地裁の判断を取り消し、同年五、六月に再稼働した）。

母ががっかり、柏崎市の避難計画

では、わが故郷柏崎市についてはどうか。私の両親は、柏崎刈羽原発の事故に不安を抱いており、特に母は「いざというときに、どうやってどこへ逃げたらいいのかい」と私に問うてきた。

「東京電力に訊いてみたら」と助言すると、

「原発に電話したけど『すいません』と『がんばります』しか言わなかった」

と、東京電力の「我関せず」の姿勢を嘆いた。

「それでは、市役所に尋ねたら」と私が応えるや否や、母は市役所の防災・原子力課へ電話をした。

「まだ決まっていません。いま鋭意検討中です」

市役所の回答に、母はがっかりしていた。その後、「市役所によると近所の日吉小学校に避難だ」「あそことうちでは変わりない」と、母は伝えてきた。これは、母の勘違いで正しくは、バスで集団避難するときの集合場所が最寄りの日吉小学校、避難先は県内妙高市杉ノ原スキー場、避難経路は高速道路経由であった。ただし、自家用車利用が基本である。それにしても、九〇歳に届こうとする両親が、自家用車で通常二時間程度かかる妙高市へ避難するのは至難の業だ。

そして、主要道路である国道八号線は、慢性的に渋滞している。渋滞解消のため三〇年近く前に開始されたバイパス工事は、実家の前の道路約一キロメートルのみが手付かずで、未だに完成には至っていない。このバイパス工事に関しては、毎年父が柏崎市長へ早期の促進を要請する手紙をしたためているが、いつも国へ強く要請するとの決まり文句の回答があるのみである。さらに、父は国道八号線を所管する国土交通省北陸地方整備局へも出向き、同様の要請をしているものの、予算の問題云々と歯切れの悪い回答がなされるのみであるという。この対応に、父は「これでは、原発再稼働どころではない」と常に立腹しているのである。

また父は、防災訓練があると聞いて、自分も参加したいと駆けつけたことがある。すると、「あなたは対象外、今日は町内会の会長など地元のリーダーの方が対象です」と断られたのだという。父は唖然としていたが、マスコミだけは多くの社が参加し、バスが糸魚川市まで避難する様子を県内で大々的に報道した。

結局、しっかり訓練ができているというアリバイ作りに過ぎなかったのである。

ちょっと横道にそれるが、私自身が柏崎に住んでいたころの思いについて、書いておきたい。柏崎刈羽原発の誘致が決定したのは一九六九年であるが、そのころ私は中学生であり、当然そんなことは関知しないことだった。関心を持ち始めたのは一九七一年、新潟県立柏崎高校へ入学してからである。その校風は至って自由闊達で、一例として制帽・制服廃止運動が生徒会を中心に展開され、やがて実行に移された。

教諭の中にもリベラルな人が多く、英文法の先生については、授業を受けたくない場合は簡単だった。「先生、自衛隊は違憲ですか？」と一言尋ねれば、途端に退屈な授業は中止、憲法九条の話になる。聞きたくない奴は教室から「出ていけ」というのだから楽なものだ。

極め付きは物理の先生だった。その先生は、柏崎刈羽原発敷地の試掘坑にも率先して入り自ら調査するなど、筋金入りの原発反対派だった。授業中も、「あんな危険なものを作らせてはならない。試掘坑を調査したが、あの敷地には活断層がある。敷地として最悪だ」と原発の話で終わることがしばしばあった。若い私たちは、素直に「そういうものなのか」と信じる他なかった。

当時、すでに東京電力は柏崎市内中心部にＰＲホールを建てており、学校に近かったこともあり、よく冷やかしに行っていた。原発に関するにわか知識で、「アメリカのエンリコ・フェルミ炉で大きな事故（炉心溶融）があったではないか」と担当者に詰め寄ると、「あの原発と当地の原発は型式がまったく違います」と軽くいなされた記憶がある。どこか、現在の回答の仕方に相通ずるところがそのころからあったのだろう。

また、もともと柏崎刈羽原発の敷地は草木も生えないほどの荒れた砂丘地帯だったが、当時、田中角栄首相直系の新潟県議会議員が二束三文の土地をそれなりの値段で購入し、それを東京電力に転売、多額の利益を得て一部は田中氏に回ったと噂されていた。そんな良からぬ情報もあったことから、高校時代の私は、原発に対してはネガティブなイメージを持っていた。

しかし、大学受験が近づいてくるとともに、その感情は薄れ、やがて忘れてしまった。

避難計画の妥当性を評価する仕組みがない

さて、いくつかの事例を見てきたが、道路の渋滞やＵＰＺ外の対策など全国で共通する課題、また、地域固有の問題、たとえば寒冷地に位置する北海道電力泊原発、柏崎刈羽原発などでの大雪の際の避難、日本原子力発電東海第二原発や中部電力浜岡原発のように避難対象となる人口が極端に多い地区の避難など、課題は山積していると言える。それらをすべてクリアし、現実的で実効性のある避難計画を自治体の手で作成できるのか、「机上の空論」「絵に描いた餅」になりはしないか、大きな疑念を拭い切れない。

考えられる最大の問題は、避難計画の妥当性を評価するシステムが成り立っていないことである。すなわち、前述のとおり国は支援する立場で、自治体へ「丸投げ」しており、防災計画は規制基準と並ぶ車の両輪といってきた原子力規制委員会も責任逃れの発言を繰り返した。

それでいて田中委員長（当時）は「避難基準線量、半数測れず」と九州電力川内原発周辺のモニタリングポストの不備を報道した朝日新聞に嚙みついている。「現時点における線量計の設置が、緊急時の防護措置がとれないかのような誤った解釈を招きかねない記事」と反論したのだ。これには、違和感を覚えた。原子力規制委員会に反論する資格はない。反論すべきは鹿児島県なのである。

泉田元新潟県知事の指摘

詰まるところ、いくら指針を示されたからといって、現状では自治体の手で完璧な避難計画などはできない。やはり、指針を策定した原子力規制委員会には、避難計画を含む防災対策を審査・評価する義務がある。これでは、深層防護の第五層がすっかり抜け落ちてしまっているではないか。避難計画を規制基準に加え、かつ基準の適合と再稼働をリンクさせるべきであり、いつまでも政府と原子力規制委員会で責任放棄をし合っていてはならない。

事の本質を、泉田裕彦元新潟県知事が現場の視点から、いろいろな機会で理路整然と語っていた。その内容を、少し長くなるが、抜粋引用する。

「そもそも、規制基準適合審査とは安全審査ではありません。一定の確率で事故が起きることを前提にしている基準であり、周辺自治体がしっかりした対応ができなくては、住民の命、安全、健康は守れません」

「私は二〇〇七年の中越沖地震で、原発と地震の複合災害を疑似体験しました。その経験からいうと、計画の形を作っただけでは、とても住民を安全に避難させられるとは思えません」

「避難計画で、あらかじめ逃げる場所を指定しておくことはできるでしょう。問題は、放射能が出てくるまでの制限時間内に、安全に逃げ切ることができるかどうかです」

「中越沖地震で何が起きたかというと、道路が次々に寸断されたんです。道路というのは、端に三〇センチでも段差があったらもう通れない。直下型地震が来ると『道路が連続してつながっている』という想定そのものが難しくなる」

「原発で事故が起きたとき、どのくらいで放射能が出てくるのでしょうか。東日本大震災では、全電源喪失から八時間半でベントの判断をしています。国会事故調では、それでも判断が遅かったと指摘しています。ということは、数時間のあいだに逃げなければ間に合わない可能性があります」

「新潟県からは、いわゆる核シェルターのようなものがないと避難しきれないと提案しています。たとえば夜中に事故が起きた場合はどうするんでしょうか。数時間で全員に連絡して圏外へ避難させるなんて至難の業です。高齢者、お子さん、病気の人もいる」

「さらに、線量が高くなってくると、避難に必要なバスの運転手さんの手配もできません。法令で定められている上限値を大幅に超える線量を浴びる可能性があります」

「現実に複合災害が起きたときのことを想定すると、とても、今の国のやり方では機能すると思えないんです。そのとき道路が機能していると考える方がおかしいのに、それすら想定しているように見えません」

「なぜこんなことになっているのかというと、おおもとの国の法や制度が、福島の原発事故の反省を生かさないままになっているからです。今の法律では、自然災害は災害対策基本法で対応します。事務局は内閣府です。一方、原子力災害は原子力災害対策特別措置法で対応します。事務局は原子力規制庁です」

「このままでは、いざ何かが起きたとき、指揮系統がばらばらになって避難がうまくいかずに大混乱した東日本大震災の失敗を繰り返しますよ。避難指示を出す権限は、自然災害では市町村長、原発災害では官邸。どうしてこれで住民をきちんと避難させることができるんでしょうか」

「住民の被害をいかに減らすかを考えれば、どの国よりも厳格な避難計画がなければおかしいでしょう。そこをきちんとやらないっていうのは、住民にリスクを押しつけたまま、カネのためにだけ原発を動かすっていうふうにしか見えないじゃないですか」

「私は、福島の事故後にできた原子力規制委員会に、きちんと責任を果たしてほしいと思っています。規制委は、設置法のなかで『原子力利用における安全の確保を図ること』が任務とされています。ところが今の規制委は、原発のハードの設備を審査するだけです。これでは住民の安全は確保できません」

「規制委は政府から独立した権限を持っていて、法や制度の不備があれば、整備するよう関係省庁に勧告することができるのです。ところが、規制委はそこから逃げています。結局、住民の安全を守る体制はすっぽりと抜け落ちたままです」

「世界の標準は『住民の命と健康をどう守るか』なのに、田中委員長は『そこは私たちの仕事ではない』という。無責任以外の何ものでもありません」

いずれも、正鵠を射たコメントであり、いかに今のままでは実効性のある避難計画を作ることができないかを、浮き彫りにしている。国はこの声を重く受け止めなければならない。アメリカでは、避難計画が実証されなければ、原発の運転ができないことを肝に銘じてほしい。

そして、衆議院議員、それも自民党員に転身した泉田氏には強く言いたい。立派なコメントを早く実現に移してもらいたいと。選挙前に「与党でなければ声が届かない」と公言していたのだから。

UPZに入る自治体の避難計画の実効性を向上させるため、政府が二〇一六年度第二次補正予算案に三億円程度の調査費を盛り込んだ。避難計画は、原子力規制委員会の審査の対象外で、計画の実効性を疑問視する声に対抗し、原発再稼働を順調に進めるのが狙いである。避難計画で定めたルートで実際に避難した際に大規模な渋滞が発生しないかどうかを自治体がコンピューターで試算したり、落石が見込まれるなど避難の際に支障となる場所を現地調査で発見したりすることを想定しているが、国が行うべきはお金を出すことではない。抜本的に制度を見直すことである。

第5章

東京電力は破綻処理すべきである

東京電力は破綻処理し電力再編成を

福島第一原発事故が発生した時点で東京電力は破綻処理すべきだった。

その根拠を示す前に、基本的な原子力の損害賠償制度について触れる。それは、「原子力損害の賠償に関する法律」（一九六一年六月一七日施行）に定められている。関連する条文を列挙する。

原子力事故の損害賠償制度とは

事故直後から、莫大な損害賠償費用、廃炉・汚染水対策費用、除染費用などの事故処理費が東京電力に重くのしかかってくることは容易に想定できたはずである。結論を言えば、一民間企業に耐えられる負担をはるかに超える。

では、損害賠償の骨格条文を見てみよう。

第三条　原子炉の運転等の際、当該原子炉の運転等により原子力損害を与えたときは、当該原子炉の運転等に係る原子力事業者がその損害を賠償する責めに任ずる。ただし、その損害が異常に巨大な天災地変又は社会的動乱によって生じたものであるときは、この限りでない。
第七条　損害賠償措置は、次条の規定の適用がある場合を除き、原子力損害賠償責任保険契約及び原子力損害賠償補償契約の締結若しくは供託であって、その措置により、一工場若しくは一事業所当たり若しくは一原子力船当たり一二〇〇億円（政令で定める原子炉の運転等については、一二〇〇億円以内で政令で定める金額とする。以下「賠償措置額」という）を原子力損害の賠償に充てることができるものとして文部科学大臣の承認を受けたもの又はこれらに相当する措置であって文部科学大臣の承認を受けたものとする。
第一六条　政府は、原子力損害が生じた場合において、原子力事業者（外国原子力船に係る原子力事業者を除く。）が第三条の規定により損害を賠償する責めに任ずべき額が賠償措置額をこえ、かつ、この法律の目的を達成するため必要があると認めるときは、原子力事業者に対し、原子力事業者が損害を賠償するために必要な援助を行なうものとする。
2　前項の援助は、国会の議決により政府に属させられた権限の範囲内において行うものとする。
第一七条　政府は、第三条第一項ただし書の場合又は第七条の二第二項の原子力損害で同項に規定する額をこえると認められるものが生じた場合においては、被災者の救助及び被害の拡大の防止のため必要な措置を講ずるようにするものとする。

要約すると、東京電力は、原子力損害賠償責任保険契約及び原子力損害賠償補償契約を締結することにより、最大一二〇〇億円を損害賠償に充てる。一二〇〇億円を超える分については、必要と認めれば政府が援助する（無限責任　第三条及び第一六条）。しかし、第三条のただし書き「異常に巨大な天災地変又は社会的動乱」の場合、東京電力は免責となり、損害賠償は政府がすべて税金で賄う（第一七条）というものだ。

釈然としない損害賠償責任

事故当初、その原因を東京電力は「想定外」の大津波によるものと繰り返し、ただし書きの「異常に巨大な天災地変又は社会的動乱」に該当することから免責だと主張した。東京電力OBの大部分が同じことを言っており、「みんな、すごい愛社精神を持っている」と私は驚いたものだ。

議論の末、当時の民主党政権はこれを認めず、東京電力が無限責任を負うこととなった。ただ、一二〇〇億円では到底足りるわけがなく、必要があると認められれば政府の援助が得られる、との定めに委ねるしかない。これをどう解釈するかが問題になるのだが、東京電力が全身全霊を注がずして「必要」とは認められないであろう。それは、破綻処理まで見据えたものであると考えるのが妥当な解釈ではないだろうか。しかし、東京電力の無限責任とされながら、実態は税金で賄う第一七条が適用されている形で釈然としない。

前述したが、損害賠償をはじめとして廃炉、除染などの事故処理費用は約二一兆五〇〇〇億円。そのうち東京電力負担分の手当は、大部分を原子力損害賠償・廃炉等支援機構に頼る。その借金を毎年五〇〇〇億円ずつ「三〇年ローン」で返済する。しかし、それは柏崎刈羽原発六、七号機の再稼働が大前提になっており、実現可能性はほぼないと言ってよい。そこに政府がお金を出すための「必要と認められる」要素が存在するのだろうか。

最初に破綻処理すべきだった

事故直後、東京電力の破綻処理を主張した専門家もいたが、結局、政府はそれをしなかった。政府自らが矢面に立ちたくない、原発推進をしてきた責任の回避、東京電力に絡む利権の維持など、さまざまな理由があるのだろう。実質国有化されているにもかかわらず、東京電力という看板は下ろさない。そして経営が行き詰まりそうになると、政府に救済を求める。それが二度や三度ではない。そこまでして、東京電力を存続させる必要があるのだろうか。

ある日、東京電力社長名で書留郵便が届いた。日ごろから原発批判をしている私への抗議文かとドキッとしたが、開封すると「企業年金引き下げのお願い」文だった。その文面には「先輩の皆様が築きあげた東京電力を再生・存続させるため」との記述があったのだが、「別に再生・存続してもらわなくても一向にかまわない」と、年金引き下げとは別の意味で気分が悪くなった。

当の東京電力は、財産処分、リストラなど「身を切る」施策を徹底的に取ったと言われている。当然のことだ。しかし、それらは完璧に行われたのだろうか。不動産など目に見える処分は実行されたと考えられるが、社員の数が大規模に削減された様子はない。そもそも、技術部門で考えた場合、東京電力社員が自ら工事等に当たる例はほとんどない。すべて、委託・請負で済まされているのが実態だ。予算計上、工事の設計・見積もり、業者の見積数量の査定、工事管理など事務的作業に特化されていると言ってよい。そこに約三万四〇〇〇人とも三万六〇〇〇人ともいわれる社員が必要なのか。福島第一原発事故以降、相当の数の社員が自主退職したと言われているが、もっと合理化が可能なはずである。アウトソーシングで済まされている例が多いのだから。

完全分社化し国策会社を設立せよ

二〇一七年、東京電力は業務改善を目的に「東京電力フュエル＆パワー（ＦＰ）」と中部電力が共同出資する火力発電会社「ＪＥＲＡ（ジェラ）」を本格稼働させた。また、国内も含めて火力発電事業を完全統合するための最終調整をしたり、六年以上にわたって中断されていた社債発行を再開する意向を示すなど、東京電力は再建に向けて躍起になっている。自立しているとのアピールとも取れる。

しかし、福島第二原発の廃炉を決定するなど、原子力部門が相変わらず経営に災いをもたらしている状況は変わらない。

東京電力が解体されたとしても、電力供給は必須のものである。原子力を除き水力、火力、送配電の業績は良好であることを考慮すれば、いったんすべての資産を売却して東京電力を解体・破綻処理し、事故処理費に当てる。東京電力株は紙切れになり、融資返済は焦げ付き、株主や金融機関に損失が発生するが、彼らの責任も問わざるを得ないことからあきらめてもらおう。その後、水力、火力、送配電の独立した会社を新設する。

現状の「形」だけではない完全分社化で、もちろん独立採算制を採用する。それぞれ採算は取れるであろう。ダラダラ税金を投入するよりもこちらのほうが先であろう。

国は原子力を推進してきた責任を明確に認めたうえで、国策会社を設立し、賠償、廃炉、除染などの任を負う。それがベストの方策ではないか。

国営会社であるから、国民の税金を使い利潤を追求することはしない。そういう意味で、事故処理費用を、原発を持たない新電力とその契約者にも負担させるとした経済産業省の電力システム改革提言は論外、もってのほかである。さまざまな理由から電力会社を選べるといった電力自由化の本来の目的から外れるからである。

問題の原子力利用だが、現存の原発からすべて撤退することが大前提である。東京電力に限らず、他の電力会社についても革新的な改組をしてはどうか。人口密集地である都市部では不可能かもしれないが、それ以外の地域では電力の地産地消モデルを導入できる見込みは十分ある。原発の特徴である、大規模生産、大規模消費の時代はもはや終焉しており、再生可能エネルギーへの大規模な転換を強力に推進していくべきである。

電力自由化が導入されたものの、大手である旧一般電気事業者の一〇電力会社が主体となっており、電力会社の切り替えは都市部が中心となっている。ちなみに、自由化から二年経過した二〇一八年二月時点での全国の新電力へ切り替えは全体の九・五パーセントだという。

新電力会社についても、供給する電気が何を起源に作られたものか明瞭ではない（開示が義務化されていないことによる）。原発由来の電気を嫌悪し、再生可能エネルギーを希望する需要家たちの選択肢が限られてしまっているのが現状である。これを、昔（九電力体制となった一九五一年より前）の体制に戻すべきではないか。すなわち、中立・公正な送配電会社を通じて複数の電力会社が電力を供給する。これで、真の電力自由化が実現し、健全な競争原理が働く市場が誕生する。

国が丁寧な説明をすれば、国民の理解を得ることは可能ではないかと考える。

新しい再建計画の嘘八百

にもかかわらず、二〇一七年五月一八日、政府の認定を受けた、東京電力と原子力損害・廃炉等支援機構による、東京電力の新しい再建計画「新々・総合特別事業計画」（新々総特）によれば、福島第一原発の事故処理費用が従来の想定から二一・五兆円に倍増し、そのうち東京電力は一五・九兆円を負担するため、二〇一七年度に予定していた「脱国有化」の判断は二〇一九年度に先送りするのだという。なお、二一・五兆円は現時点での推定値であり、さらに倍増する、つまり五〇兆円以上になると警告するシンクタンクもある。

東京電力はいまだに本気で、「脱国有化」とか、夢のようなことを言っている。先に述べたように、今後三〇年以上にわたって、毎年五〇〇〇億円を返済していくのだそうだ。呆れてしまうが、その「絵に描いた餅」「捕らぬ狸の皮算用」の計画を、一応簡潔に書いておこう。

まず、計画の柱は柏崎刈羽原発六、七号機の再稼働。これにより年間一〇〇〇億円の利益が増える見通しだそうだ。次に、管轄地域外での電力販売やガスの販売参入により売り上げを一〇パーセント程度増加させる。そして前述した「ＪＥＲＡ」による収益アップ。送配電や原発事業でも「ＪＥＲＡ」方式を踏襲した「共同事業体」を設立、事業再編により収益改善を見込む。これらで年間五〇〇〇億円を稼ごうというのだ。

何度も述べてきたが、柏崎刈羽原発六、七号機の再稼働は無理である。電力とガスの全国販売による収益は不透明である。「ＪＥＲＡ」はそれなりの収益をあげるであろうが、その金額も正確にはわからない。ましてや、送配電や原発の「共同事業体」の実現については困難が付きまとうであろう。大手の他電力は、「福島第一原発事故の処理費用の一部を負担させられるのでは？」「会社の経営に国が関与してくるのでは？」との危機感・警戒感があるからだ。

学閥社会だった東京電力

また、同計画ではトップ人事の刷新も提示されていた。數土文夫会長、廣瀬直己社長以下、前の経営陣には「ご苦労様」というところだろう。私には柏崎刈羽原発六、七号機の再稼働に漕ぎつけなかった責任を取れ、との意味合いが強いと思えてならない。その廣瀬社長は、新設する代表権のない副会長に就き、福島第一原発事故対応に専念する。実質的な降格だが、數土会長をはじめとする外部から来た取締役との折り合いが悪く、経済産業省との確執があったとの報道がある。

廣瀬氏は、私の二年先輩であり面識があった。彼が会社の中枢である企画部にいたときにいろいろとアドバイスをもらったのを覚えている。人当たりがよく、英語も堪能。イェール大学経営大学院に留学してMBA（経営学修士）を取得している。

一方で、服装は「トラッド」に愛着があるようで、常にボタンダウンのシャツ、レジメンタルタイ、靴はコインローファーやウィングチップとおしゃれにはずいぶん気を遣っていた。当時の言葉（今は死語）でいえば「ナウい」青年だったといえる。その後、会長の通訳を務めるなど出世街道を歩むのだが、東京電力社員としては特異な「らしくない」存在だった。私も変人扱いされ、別の意味で「らしくない」東京電力社員ではあったが。

新社長には小早川智明取締役が就任。東京電力は、東京大学卒業で、それも事務系の人間しか社長になれない、いわゆる赤門閥があった。それが慶応義塾大学卒業の清水正孝氏が社長に就任し周囲を驚かせた。廣瀬社長も一橋大学出身で異例とされた。しかし、小早川氏は東京工業大学卒業と技術系出身であり、異例中の異例、おそらく会社始まって以来初の抜擢であるのは間違いない。年齢五五歳と大幅な若返り策であるが、果たして経営改革に奏功するのだろうか。

また、數土文夫会長の後任には、川村隆氏が充てられたが、これには驚いた。川村氏は日立製作所の名誉会長である。日立製作所といえば、原発メーカーであり、福島第一原発の廃炉作業にも携わっており、東京電力は大きなお客様である。名誉会長とは言え、そういう人が会長とは明らかに利益相反ではないのか。

ちなみに私の出身校東京理科大は、先述のように、閥そのものがなかった。

私が変人にならざるを得なかった理由

私は、ごくごく普通の平均的人間だと自覚している。硬派か軟派か、どちらかと言えば軟派である。決して優秀ではなく、音楽や洋服が好き、女の子も好きで下ネタトークもするし、ジョークを飛ばすのも好きだ。仕事はほどほどに、よく遊びましょう。そんな私だが、全員とは言わないが、平均的優等生集団である東京電力社員の間では「変人」になってしまうのだ。世間一般で言えば、私以外の東京電力社員のほうがよっぽど「変人」だと思う。

もっとも「変人」というよりは「狂人」の類に属する人間はいた。たとえば、オフィスで夜になると、窓を開け、突然意味不明な言葉で「遠吠え」をする人間。さらに、デスクに置いた硯で墨をすり書道を始める人。算盤で週刊誌をめくりながら、ページ数を伝票のようにひたすら足し算する人。仕事中オフィスで上司に向けて「これを見よ」とばかりにテニスラケットで素振りを始める人。終業後帰路につかず女性社員の帰宅の後をつける人（今でいうストーカー）。立派な犯罪だ。さまざまな社員がいたことも事実だ。

先に廣瀬前社長のトラッド好みについて書いたが、服装にこだわる、いわゆるお洒落人間は他にはほとんどいなかった。そんな中で私は違った。徹底的に服装に凝った。「誰か見せたい人がいるの？」と妻によく訊かれたものだ。

凝ると言ってもブランドに執着するのではなく、長く身に着けられる良品を選んだ。それが、たまたまブランド品のこともあるが。

スーツは高価なので、頻繁には購入できない。そこで中のシャツだけは拘ろうと思い、衿型もボタンダウンから始まり、ワイドカラー、カラーピン・カラークリップを取り入れるなど、いろいろ試した。誰に見せるでもない、自己満足である。そのうちあまりファッションに興味のない周囲の後輩たちを無理矢理仲間に巻き込んで、シャツの色をピンクにしたり、何曜日は何色と決めたりして楽しむようになった。白いシャツに地味なタイばかりしている人たちの中で、ずいぶん目立つ存在で、周りからは奇妙な目で見られていたであろう。

一九七九年三月、アメリカのスリーマイル島原発で炉心溶融事故（TMI事故）が発生し、原子力関係者のみならず世界中を震撼させた。最大の事故原因はヒューマンエラー（人為的過誤）であり、原発の安全設計には影響しないとされ、日本では事故の教訓として、品質管理の強化、運転管理の徹底、運転訓練の強化、ヒューマンエラーの研究などの、主にソフト面での対策が取られた。

TMI事故を契機に、アメリカでは激しい原発反対運動が沸き起こったが、私が好むアメリカ・ミュージシャンたちも例外ではなかった。従前から脱原発を訴えていた、ジャクソン・ブラウン、グレアム・ナッシュ、ジョン・ホール、ボニー・レイットらが、MUSE（Musicians United for Safe Energy：安全なエネルギーを求めるミュージシャン連合）を設立した。MUSEは、原発に対しより多くの人たちの関心を集めることを目的に、「NO NUKES」コンサートを企画し、そして早くもその年の九月に実現する。ニューヨークのマジソン・スクエア・ガーデンで五日間にわたって開催された。コンサートには、ジャクソン・ブラウン、ドゥービー・ブラザーズ、クロスビー・スティルス&ナッシュ、ジェームス・テイラー、ブルース・スプリングスティーン、ライ・クーダー、ボニー・レイットなど二〇組近いミュージシャンがノーギャラで参加した。

ミュージシャンたちは最高のパフォーマンスを披露し、コンサートは盛況に終わった。その模様は、即刻LP盤三枚組のライブレコードとして発売された。当時、私は福島にいたが、その情報を聞き、国内での発売を待ちきれず、東京の専門店から輸入盤を通信販売で入手した。確か四〇〇〇円程度と、高価だったと記憶している。原発反対のコンサートだが、なんのためらいもなくむさぼるように聴いたものだ。おそらく、原子力部門で、いや東京電力の中でそんなことをしていたのは私だけだったろう。

もう一つ音楽話をしたい。NO NUKESから約一〇年後の一九八八年、日本のミュージシャンも原発反対の声を上げた。一九八六年に起きたチェルノブイリ原発事故をきっかけに忌野清志郎率いるRCサクセションが世間を騒がせた。彼らは、洋楽のヒット曲を日本語詞で歌う、いわゆるカバー曲を集めた、タイトルもずばり「COVERS」というアルバムを発売する予定だった。しかし、その中の「サマータイム・ブルース」と「ラヴ・ミー・テンダー」の二曲の歌詞が、原発反対あるいはそれを皮肉った内容であったため、発売元の東芝EMIが難色を示し、発売中止を決めたのだ（親会社東芝の意向であったことは「公然の秘密」）。そのことを伝える、「素晴らしすぎて発売できません」という新聞広告（一九八八年六月二二日付全国紙）のフレーズが鮮明に記憶に残っている。

これが世間の反響を呼び、ファンの後押しもあり、異なるレコード会社（キティレコード）から発売された。結果、「COVERS」は売り上げ二〇万枚を超える大ヒット、ゴールドディスクとなった。私も発売と同時に購入し、愛聴していた。表立ってお触れのようなものは出ていなかったが、東京電力では完全に「鑑賞禁止」のレコードだったはずだ。

本題に戻る。東京電力の改革は人事刷新以外は計画通りいかないと私は考えている。その場合国民に負担がのしかかってくるのは明らかだ。それと関連するのか、さっそく人手電力一〇社の二〇一七年五月の電気料金が、標準家庭で月一五〇～二一〇円ほど値上げされた。これで「カ月連続の値上げである。再生可能エネルギー普及のための「賦課金」が、五月から増額されたのが要因だ。しかしこれは、再生可能エネルギーを普及させると電気料金は上がる、下げたければ原発を再稼働させろとの脅迫に等しいのではないか。

繰り返しになるが、福島第一原発事故の一番の責任は東京電力にあり、破綻処理をして事故処理費に充てるべきである。それでも十分でないであろう。不足分は、「国策民営」で原発を推進してきた政府が、その責任を認め負担することである。今からでも決して遅くはない。

核燃料サイクル全面見直しと原発廃止

核燃料サイクル施設の廃止にも難題が

原発ゼロであれば、核燃料サイクルの廃止は当然のことである。ウラン濃縮施設、燃料加工工場、再処理工場、高速増殖炉(「常陽」「もんじゅ」)などの解体・廃止措置が必要となるが、すべてに核燃料物質が使用されており、その解体・廃止技術は確立されていない。とりわけ放射線量の高い再処理工場や金属ナトリウムを使用している「もんじゅ」については、ハードルが高いだろう。解体に伴い発生する放射性廃棄物の処分も考えなければならない。

同時に前述した高レベル放射性廃棄物や使用済燃料、プルトニウムの処分策の検討も加速しなければならない。日本国内での処分は困難であると前に述べたが、それでは後世に負の遺産

を引き渡すことになってしまう。国際的な協力も視野に入れ、この難題を何とか打開しなければならない。

政府主導でヒト、モノ、カネを結集せよ

私の主張どおり、すべての原発を廃炉にすることが決定しても、それで良かった、良かったでは済まされない。あまりにも無責任であるからだ。解決しなければならない問題が山積している。原発なしで電力需給に支障は来さない現状であるが、再生可能エネルギーをはじめとする代替エネルギーの開発は必須である。

それよりなにより福島第一原発の廃炉だ。今世紀中には終わらない、先に国営会社で対処すべきと述べた。だからといってダラダラと行うわけにもいかない。具体的にどうするのかについて、「すべての事故機を水没させてダムのようにして保管しろ（いわば大規模水棺）」とのアイデアを提示する人がいる。また、チェルノブイリ原発のようにコンクリートで固め石棺にすべきと主張する人もいる。さらには、福島第一原発に高レベル放射性廃棄物をはじめ、使用済燃料やすべての廃棄物を集中させたうえで、全面立ち入り禁止として隔離するといった乱暴なことをいう人もいる。

だが、いずれもその場しのぎのもので恒久的な方策ではない。やはり、溶融燃料を何とか取

り出して、廃炉を行い元の更地に復旧するのがベストである。そのためには、東京電力一人に任せるのではなく、あくまで政府主導でヒト、モノ、カネなど総力を結集して取り組まなければならない。

例えば現在、各地で行われている廃炉技術開発だが、それらを一カ所に集約し、国営の廃炉プロジェクトセンター（仮称）を設置する。そこで専門技術者（ヒト）が技術開発研究設備（モノ）を用い、相当な技術開発研究予算（カネ）の下に集中的かつ効率的に技術開発を推進する。場所は福島第一原発内が望ましいが、困難であれば、福島第二原発や柏崎刈羽原発の敷地でもかまわない。

福島第一原発事故による被曝者の健康影響追跡調査

小児の甲状腺がん

福島第一原発事故では、大量の放射性物質が外部に放出された。それらにより被曝した人たちの健康への影響が懸念されるが、とりわけチェルノブイリ原発事故後に明らかになった、放射性よう素の内部被曝による小児の甲状腺がんが心配だ。

福島第一原発事故後、二〇一一年一〇月から福島県は県民の若年層を中心に甲状腺検査（超

音波検査）を行っている。検査は、二〇一一年一〇月～一三年度までの一巡目（先行検査）、二〇一四年～一五年度の二巡目（本格検査）、二〇一六年～二〇一七年の三巡目（本格検査の二回目）が終了している。

一巡目の検査は、福島第一原発事故当時一八歳以下だった約三七万人を対象に、二巡目以降は事故後約一年の間に福島県内で生まれた子供たちも対象となり、二巡目約三八万人、三巡目約三四万人に対して甲状腺検査が行われた。

「県民健康調査」検討委員会の報告によれば、二〇一八年六月現在、甲状腺がん、あるいはがんの疑いがあるとされたのは一九九名で、このうち手術により甲状腺がんと確定されたのは一六二人に上る。その内訳は、一巡目でがんと確定した人は一〇一人、疑いが一四人。二巡目で確定五二人、疑い一七人、三巡目で確定九人、疑い三人となっている。

この甲状腺がん患者一六二人をどうとらえるかだが、明らかに「多発」と言えるのではないだろうか。

しかし、検討委員会は「これまでのところ被曝の影響は考えにくい」との立場を変えていない。その理由として、チェルノブイリ原発事故に比べ福島県民の被曝線量が少ないとみられることや、チェルノブイリでがんが多発した五歳以下にほとんど発生していないことを挙げている。

また、「スクリーニング効果」（症状のない人も含めて精度の高い検査を一斉に幅広く行うと、将来発症するガンが早めに高い頻度で見つかる）とか、「過剰診断」（放置しておいても死に至るような深刻な病状をもたらさないがんを発見し治療すること）を「多発」の理由とする専門家がいる。

ちなみに、二〇一四年三月、「県民健康調査検討委員会」甲状腺検査評価部会が発表した中間取りまとめには、こんなフレーズがある。

「今回の原子力発電所事故は、福島県民に『不要な被曝』に加え、『不要だったかもしれない甲状腺がんの診断、治療』のリスク負担をもたらしている」。つまり、甲状腺がんの検査は無駄と言っているのだ。

一方で、「多発」は「スクリーニング効果」や「過剰診断」では説明できないこと、数年で最大三・五センチメートルのがんとなっていること、通常の甲状腺がんと異なり男性比が高いことなど、チェルノブイリ原発事故後に多発した甲状腺がんとの類似点を指摘する意見もある。

結局のところ、甲状腺がんと福島第一原発事故との因果関係の有無については、水かけ論に終始しているのが現状である。

危惧される甲状腺がん検査の縮小

私は、甲状腺がんと福島第一原発事故を関連付け、殊更に福島県民の不安を煽ろうとする気持ちはさらさらない。それより、最も危惧しているのは、甲状腺がんの検査を縮小しようとする動きがあることである。

発端は、前述の「県民健康調査」検討委員会の座長である県医師会副会長星北斗氏が、二〇一六年八月、地元紙福島民友のインタビューで、甲状腺検査の対象者縮小や検査方法の見直しを視野に入れた議論を検討委で始める方針を示したことだ。また、これに歩調を合わせるように、同年九月に福島県小児科医会が、検査規模の縮小を含めた検査のあり方を再検討するよう県に要望を行っている。

これに対しては、甲状腺患者で構成される「三・一一甲状腺がん家族の会」や、多くの団体から反対の声が上がった。また同年九月に行われた「県民健康調査」検討委員会でも、多くの委員から「縮小」はあり得ないとの発言が相次いだという。

そこに反対の声に抗う動きが出た。なぜか日本財団の笹川陽平会長が、二〇一六年一二月九日「検査を自主参加にすべき」とする提言書を内堀雅雄福島県知事に提出し、専門作業部会を開いて今後の検査体制の方向性を示すよう求めたのだ。内堀知事は「大事な提言として受け止める」とし、提言を参考に「県民健康調査」検討委員会でも議論を尽くす考えを示したという。

実際、同委員会の星座長が、一二月二七日の同委員会の場で福島県に対して「中立的、国際的、科学的な」第三者委員会を新たに設置することを提案しているのは、これを受けてのものと考えられる。現在、「県民健康調査」では、原則として対象者全員に検査の通知が出されているが、「自主検診」となれば、事実上検査は縮小される形になる。

日本財団の提言の拠りどころは、同財団が九月二六、二七日に開催した「第五回福島国際専門家会議・福島における甲状腺課題の解決に向けて〜チェルノブイリ三〇周年の教訓を福島原発事故五年に活かす〜」だとされている。

しかし会議では、財団の意図する「検査縮小」とは正反対の意見もあったという。ベラルーシから招かれた専門家ヴァレンティナ・ドロッツ氏は「早期診断が非常に重要」と指摘し、ロシア国立医学放射線研究センターのヴィクトル・イワノフ氏も「福島でも、今後一〇年二〇年以上データを取り続ける必要がある」と語った。チェルノブイリの経験を踏まえれば、検査は継続しなければならないと指摘する専門家たちがいたということである。ところが三カ月後に財団は提言に踏み切った。

安倍政権に近い財団が、政権の意向を忖度し、福島第一原発事故による放射線影響を矮小化しようと、「検査縮小」ありきで会議を開催し提言をしたのではないか。私はそう勘繰ってしまうのである。甲状腺がんの罹患者が存在することで、福島県の復興の妨げになるとでもいいたいのだろうか。

しかし、こうした動きに危機感を抱いた有識者たちも行動に移す。

甲状腺健診の拡大・充実に関する益川敏英氏らの申し入れ

二〇一六年一二月二〇日、ノーベル賞受賞者の益川敏英氏や、物理学者の沢田昭二名古屋大学名誉教授らが福島県に緊急の申し入れを行った。その全文を以下に示す。

福島県知事への申し入れ

甲状腺検診は「自主参加」による縮小でなく、拡大・充実すべきです

二〇一六年一二月二〇日

呼びかけ人

益川敏英　名古屋大学素粒子宇宙起源研究機構長
池内　了　総合研究大学院大学名誉教授
沢田昭二　名古屋大学名誉教授
島薗　進　上智大学教授
矢ヶ崎克馬　琉球大学名誉教授
松崎道幸　道北勤医協旭川北医院院長

宮地正人　東京大学名誉教授
田代真人　低線量被曝と健康プロジェクト代表（事務局）

笹川陽平日本財団会長（委員長）、喜多悦子笹川記念保健協力財団理事長、丹羽太貫放射線影響研究所理事長、山下俊一長崎大学理事・副学長、Jacques Lochard 国際放射線防護委員会副委員長、Geraldine Anne Thomas インペリアル・カレッジ・ロンドン教授らは二〇一六年一二月九日、第五回放射線と健康についての福島国際専門家会議の名で、「福島における甲状腺課題の解決に向けて～チェルノブイリ三〇周年の教訓を福島原発事故五年に活かす～」と題する「提言」を福島県知事に提出しました。

東日本大震災による福島第一原発事故と小児甲状腺がんの関連を検討するために行われてきた小児の甲状腺検診で、これまで一七〇名以上の小児甲状腺がんおよびその疑い例が発見されています。

「提言」の要は、「検診プログラムについてのリスクと便益、そして費用対効果」の面から、「甲状腺検診プログラムは自主参加であるべきである」という事です。「提言」は、あれこれの理由をあげて「甲状腺異常の増加は、原発事故による放射線被曝の影響ではなく、検診効果による」などと述べています。

私たちは、以下に示した諸点の検討結果から、福島県民健康管理調査において発見された小児甲状腺がんが、専門家の間でもさまざまな意見があるものの、放射線被曝によって発生した可能性を否定できないこと、そして、今後の推移を見る事が重要で、甲状腺検診を今まで以上にしっかりと充実・拡大して継続する必要があると考えます。

検診は二〇一一年一〇月から始まりました。発がんまでは数年かかるという前提で、事前に自然発生の甲状腺がんの有病率を把握する目的で先行調査が開始されました。その結果、予想以上に甲状腺がん有病者が発見されましたが、今後は本来の目的である事故による影響で、甲状腺がんの増加の有無を調査するために検診は継続すべきです。検査を縮小すべき医学的な根拠はありません。検診の原則の一つはハイリスクグループを対象とすることです。今回の福島原発事故による放射性ヨウ素による被曝は検診対象となるハイリスクグループの子供たちを生み出したものであり、検診は継続すべきです。

放射線誘発悪性新生物の発生は医学的には長期的に続くものと考えられており、今後も長期的な検査体制の続行が望まれます。事故後六年を経過しようとしていますが、高校を卒業し就職したり大学に進学したりして福島県外に出る一八歳以上の人たちも県外で甲状腺の検査が受けられるような処遇・体制の整備が必要です。こうした問題も含めて、国の責任で原発事故の放射線被曝による健康影響を最小限に抑え健康管理を促進するために、

福島県とその周辺地域の住民に健康管理手帳の支給を国に申し入れるべきだと考えます。

まったくの正論である。だが、こういった一連の動きを報道するマスコミはほとんどない。「不安をあおるのは子供の利益にならない」ということなのであろう。検査で多くの甲状腺がんが発見され、県民に不安を与えているから「検査縮小」なのか。果たして、それで県民を安心させられるのか。逆に、不安になるほどがんが発見されているからこそ、検診による早期発見、早期治療が必要なのではないか。検査を受ける不安より受けない不安のほうが重大だ。「検査縮小」を行えば、福島県での放射線影響の実態がつかめなくなる。まさに「臭い物に蓋をする」だ。

東京電力ではないが「隠蔽体質」そのものである。福島第一原発事故直後から、国、福島県、福島県立医大などの情報隠蔽の疑いが指摘されてきたが、ここにきて、福島県立医科大学が事故当時四歳の子供ががんと診断されたことを把握していたにもかかわらず、「県民健康調査」検討委員会に報告されていないとの報道があった。さらに七月、集計から漏れていた甲状腺がん患者が一一人いることが明らかとなった。またその体質が裏付けられたのである。

チェルノブイリ原発事故後、甲状腺がん以外に、腫瘍、白内障や内分泌系、消化器系、代謝系、免疫系、血液などの疾病が多数報告されている。これは、国家事業として体系的に検針が行われた結果である。当地では包括的な健診や国家事業としての保養プロジェクトが行われている。日本でも、福島第一原発事故による被曝者の健康影響を継続的かつ体系的に把握するための検診（追跡調査）を行うことが必要とされていることは言うまでもない。

「廃炉プロジェクト」への転換が地域振興策になる

地域経済に貢献しない原発

原発を再稼働しないと、地元の雇用がなくなり、地域は疲弊し衰退する一方だ、といった多くの声が聞こえる。ただ、地元の友人たちは「こちらでも探せば、いくらでも仕事はある。特に東電関係は」と言ってくる。私の弟は、地元の企業の社長などと接する機会が多く、原発が動かないことによる苦労話を多々聞かされている。また、原発を推進した元市長とも面識があり、「君のお兄さんの言動はおかしい」と指摘されたらしい。そのため、社長らの意向を代弁して「兄貴、あんまり原発反対と大きな声をあげるな。とりわけ地元ではな！」と忠告してくる。弟の気持ちはわからないではないが、承服しかねる。原発が地元に恩恵を与えているのは確かであるが、すべての住民に対してかといえばそうではない。

二〇一五年一二月、地元紙新潟日報は柏崎刈羽原発が地域経済に与えた影響や貢献度はどの程度あるのかという、独自性のある興味深い調査を行った。同原発一号機が営業運転を始めた一九八五年以前に創業した地元企業一〇〇社を無作為抽出して聞き取りを行ったが、三分の二の企業が、全基停止による売り上げの減少について「ない」と回答し、経営面への影響を否定したという。また、原発関連の仕事を定期的に受注したことがあると答えた地元企業は一割余りにとどまった。一号機が営業運転を開始してから三〇年間で会社の業績や規模が「縮小」したとの回答が四割を超え、原発の存在が地元企業の成長にはつながっていない実態も鮮明になったという。要するに経営上、原発関連の仕事に大きく依存する企業は少なく、原発が地元企業に及ぼす経済効果は限定的であるとの結果だった。

さらに同紙は、

「経済界を中心に地域経済への影響が指摘されている。地域経済活性化への期待から原発の早期再稼働を求める声があるが、柏崎刈羽原発の再稼働が地域経済を大きく押し上げる原動力となるかどうかについては、疑問符が付く結果となった」

「原発は地域経済の発展に貢献するのか。そもそも原発は必要なのか。今後、これらを議論するためには、冷静かつ正確な現状把握と、事実の客観的な分析から始める必要がある」

と総括している。

廃炉プロジェクトによる雇用創出を提案する

原発に従事している人たちの職が失われることに対してどうするのか。何も稼働している原発だけが雇用を生み出すわけではない。ここは発想を転換して、原発の廃炉作業に従事することにしたらどうだろう。正常な原発の廃炉作業は、少なく見積もっても三〇年はかかる。柏崎刈羽原発は七基もあるので、それ以上かかるのは明らかだ。

再稼働の代替案として、廃炉プロジェクトによる雇用創出を提案したい。原発の廃炉作業だけではなく、まだまだ未熟な廃炉技術を発展させる目的で、技術開発センターのような施設を併設する方策も考えられる。その技術が結実したならば、国内のみならず海外からも注目され多くのビジネスチャンスが生まれる。そんな副次的効果も大いに期待できるのである。

おわりに――「原子力ムラ」の解体を

「原発事故」という文言を使わなかった安倍首相

二〇一七年三月一一日に開催された政府主催の東日本大震災追悼式で式辞を述べた安倍首相は「原発事故」という文言を使わなかった。「復興は着実に進展していることを実感します」「福島においても順次避難指示の解除が行われるなど、復興は新たな段階に入りつつある」などと復興の成果を強調した形だった。

おそらく安倍首相の頭の中では、福島第一原発事故は消えているのかもしれない。いや、消してしまいたいのだろう。これに対し福島県の内堀雅雄知事は、「県民感覚として違和感を覚えた」「福島県は甚大な被害を受けている。それは過去形ではなく、現在進行形だ」「『原発事故』『原子力災害』という重い言葉、大事な言葉は欠かすことができない」と苦言を呈したが当然のことであろう。

小泉純一郎元首相の「首相がその気になれば原発は止められる」との忠告や多くの国民の声に耳を貸すこともなく、頑なに原発を推進する安倍首相。国内だけではなく海外進出にも熱心だ。驚いたのは、二〇一六年一一月一一日、来日中のインドのモディ首相と安倍首相が会談し、日本からインドへの原発輸出を可能にする日印原子力協定に調印したことだ。インドは核不拡散条約（ＮＰＴ）非加盟の核兵器保有国であることから、唯一の被爆国日本はインドが核実験をした場合は協力を停止すると条文に明記するよう求めてきた。しかし、「核実験は自国の権利」としてインド側に拒否され、「見解及び了解に関する公文」と題する関連文書へ記載することで妥協したのだという。

安倍首相は「インドが原子力の平和利用で責任ある行動を取るための法的枠組みだ」と強調したが、インドの核実験に歯止めがかかるのかは不透明で、玉虫色の決着といえる。安全保障上の懸念が残るのは明らかであり、安保政策への制約を嫌うインドも自国寄りに解釈できる余地を残した。

これについて、被爆地である広島市の松井一實市長は「核物質や原子力関連技術・資機材の核兵器開発への転用の懸念は残っている」との談話を出し、また、長崎市の田上富久市長も「核物質や原子力関連技術・資機材の核兵器開発への転用やＮＰＴ体制の空洞化への危惧がある」「被爆地として極めて遺憾」との談話を発表した。

原発ビジネスに未来はない

インドとの原子力協定は、経済成長戦略の柱か何か知らないが、国内外での原発産業不況に喘ぐ原発メーカーを救済するための「原発ビジネス」優先策であり、安全保障政策など眼中にないふざけた協定といっても言い過ぎではないだろう。ただ、日本国内の原発メーカーもすでに弱体化しており、海外輸出へのモチベーションが失せているのは否めないことではあるが。

その一方で、ベトナムは民主党政権下で合意した日本からの原発輸入を撤回した。福島第一原発事故の後、安全性を強化したところ建設費が倍増したのが主要な理由である。そのほか、原発がなくとも電力供給には影響がないこと、廃棄物処分の問題などが挙げられているが、賢明な判断である。慢性的な電力不足で、かつ、さらなる核実験を目論むインドはあくまで例外で、世界の趨勢はベトナムのように原発を回避する方向であることが安倍政権にはわからないのだろうか。そんなはずはない。

ＩＯＣ総会で「福島第一原発の汚染水はアンダーコントロール」と妄言を吐き、かつ数兆円もかけて開催する東京オリンピックであるが、国威発揚のためであるのなら、いっそのこと中止・返上してはどうだろう、と考える。そのお金を福島第一原発の廃炉や賠償に充当するのだ。こちらのほうのプライオリティが高いはずだ。

住民に立証責任を負わせるのは厳しすぎる

ところで、関西電力高浜原発三、四号機（福井県高浜町）の運転を差し止めた二〇一六年三月の大津地方裁判所の仮処分決定を不服として、関西電力は運転再開を求める保全抗告をしていたが、二〇一七年三月二八日、大阪高等裁判所（山下郁夫裁判長）は、大津地裁の決定を取り消し再稼働を認める決定をした。大津地裁決定から一年以上経過したが、両裁判所はまったく正反対の結論を出した。

原発の安全性の立証責任については「最終的には住民側が負うが、関西電力も主張や説明を尽くすべき」とされていたものが「関西電力が新規制基準に適合するとの立証を尽くした場合、住民側は新規制基準自体に合理性がないことを立証する必要がある」とした。そもそも、資料や情報を持ち合わせていない住民に立証を求めるのは厳しい判断である。

新規制基準に関して「福島第一原発事故の原因究明は、今なお道半ばであり」「公共の安寧の基礎と考えるのをためらう」とまでいって大津地裁は切って捨てたのに対し、大阪高裁は「原因に未解明な部分はあるが、最新の科学的・技術的知見に基づき策定されており不合理なものとはいえない」と覆した。

耐震設計も「十分に説明されていない」から「重要な施設・設備の耐震安全性を確保している」となった。

また、避難計画では「避難計画をも視野に入れた幅広い規制基準が望まれる」と指摘されたが、「規制の対象としなかったことが不合理ではなく、国や地方自治体、関電などの対応や避難計画の内容は適切で不合理ではない」とした。

これらの内容を見ていると、大阪高裁の判断は手続き論ばかりで、福島第一原発事故前の司法判断と何ら変わらない。一体あの事故は何だったのか、大阪高裁はどうとらえているのか、はなはだ疑問である。地元福井県などでは「国や電力会社の意向を忖度した」「福島原発事故の前に戻ったようなひどい決定」「長い決定文は、ほとんどが関電や原子力規制委員会の文書のコピペだ」と厳しく批判する声があがっているという。もっと民意に沿った司法判断ができないものだろうか。

この決定を追い風にして、関西電力は高浜と大飯合わせて四基の原発の二〇一七年内再稼働を目指すとともに（大飯原発は二〇一八年三月～五月に再稼働）、電気料金の値下げも視野に入れるという。だが、これで安全性がオーソライズされたかといえばそうではない。田中元原子力規制委員長の反応も「規制委の審査の判断は一応認められたということだろう」と歯切れが悪い。

私は、本書で新規制基準は張りぼて付け焼き刃基準だと、その不合理性を説いたつもりである。このまま、再稼働に邁進することはあってはならない。

政府と電力会社は原発そのものはいうに及ばす、それを取り巻く諸々の環境が再稼働する状況にない現実であることを肝に銘じるべきである。

最も安い発電コスト、それが原発のセールスポイントだった。経済産業省の試算では一キロワット時一〇・三円以上とされてきた。しかし、福島第一原発事故により、「安全神話」が崩壊しただけではなく「最安神話」も崩壊した。何故ならば、賠償費用や廃炉費用などの事故処理費用を繰り入れれば、発電コストは試算を大幅に上回るからだ。追加される事故対策用の安全設備費用を加えれば、なおさらのことだ。

「環境にやさしい」などというキャッチコピーも昔のことである。また、節電効果や新電力の参入により電力需給が逼迫しているわけではない。ところが、安いはずの原発が電力自由化の波にもまれて、競争が厳しくなっているとの判断から政府は、原発事業優遇制度の策定を模索している。こういう状況である以上、政府は安くない原発を続けていく正当な理由を示す必要がある。

利権の巣窟「原子力ムラ」の解体を

福島第一原発事故後も、「原子力ムラ」は依然として存在し、脈々と暗躍し続けている。

私もかつては、その「原子力ムラ」の住民だった。けれど、それが自分自身の利益に直結しているという自覚はなかったし、まして、社会的な悪をなす政官財の「鉄のトライアングル」であるという認識なども持っていなかった。

この「原子力ムラ」の利権構造について、加藤寛慶応義塾大学名誉教授（故人）が、著書『日本再生最終勧告・原発即時ゼロで未来を拓く』(二〇一三年ビジネス社)において、先生の専門分野である「公共選択論」を用いて分析されている。

「公共選択論」という用語は私にとってなじみのないものであるが、政治プロセスにいる政治家や官僚などの各プレーヤーを、自己利益を極大化する「合理的個人」と捉え、彼らの戦略的依存関係を分析する学問だとのことである。

加藤先生はこう言う。

「各プレーヤーは、市場を通さずに政治的な決定によって自らに有利な『レント(実際に市場が決めるよりも多い利潤)』を得ようとする行動を行う。この行動を『レントシーキング』(たかり:編集部注)という」

原子力ムラの各プレーヤー、政治家と官僚、そして企業のつながりはこう分析されている。

「自民党を中心とする政治家は経産省を中心とする官僚と結託し、企業(産業)、つまり電力業界と原子力事業者に、参入規制、価格規制、補助金、優遇融資、税制上の優遇措置、損害賠償等のレントを立法を通して提供する。その見返りに、企業は、政治家には政治資金と票を提供し、官僚には天下りを提供する。また、こうした規制や財政による施策は官僚の権益を拡大しそれ自体が官僚の効用拡大につながる」

「レントシーキングにより形成されたこの構造の帰結は、公共選択論が示すように、鉄のトライアングル内部者のレントの増進と国民の経済的厚生の減少である。そして国民（一般投票者）にとって望ましくない政策が、民主主義の政治プロセスから生み出される必然性を公共選択論は明らかにしている」

「（電力王といわれた）松永安左ヱ門のつくった九電力体制は、地域分割で独占の弊害を是正しようとしたものですが、今では、政治と癒着し、利用者を無視し、さらに原子力ムラという巨大な利権団体をつくって、マスコミ、そして国家もあやつるなど、独善的で横暴な反社会的集団になりさがっており、独占の弊害が明らかになっています」

勉強になったこと、胸に手を当てて考えたこと、そのとおりだと思うこと、同書には原子力ムラの深い分析と指弾の言葉がふんだんに散りばめられている。

族議員といわれる政治家、関係官僚、電力業界、原子力事業者、学者など一部の人間だけが利権を手にしている原子力ムラは早刻解体すべきであると、読後私は理解した。

生前は自民党の政策ブレーンも務められた加藤先生だけに、よりいっそう、原子力ムラへの憤激もあり、私も大いに共感した。

現在の東京電力の姿は、莫大な福島第一原発事故処理費を捻出する、つまり「お金を稼ぐ」

ことに血眼になり、そのため住民無視の柏崎刈羽原発の再稼働に必死になっているとしか見えない。まさに加藤先生の指摘した「反社会的集団」である。そこには公益事業たる使命や矜持のかけらさえない。そんな東京電力には、もはや存在価値などないのだろう。

二〇一八年八月吉日　著者

【著者プロフィール】
蓮池 透（はすいけ・とおる）
1955年新潟県柏崎市生まれ。
1973年新潟県立柏崎高校卒業。
1977年東京理科大学理工学部電気工学科卒業後、東京電力入社。
2009年東京電力退社（一貫して原子力関連業務に従事）。
1978年北朝鮮に拉致された蓮池薫の実兄。
北朝鮮による拉致被害家族連絡会（家族会）事務局長などを歴任。

著書
『奪還　引き裂かれた24年』
『奪還第二章　終わらざる闘い』（以上、新潮社）
『拉致　左右の垣根を超えた闘いへ』
『私が愛した東京電力』（以上、かもがわ出版）
『拉致被害者たちを見殺しにした安倍晋三と冷血な面々』（講談社）
『拉致と日本人』（岩波書店）

告発～日本で原発を再稼働してはいけない三つの理由

2018年9月2日　第1刷発行

著　者　蓮池 透
発行者　唐津　隆
発行所　株式会社ビジネス社
〒162-0805　東京都新宿区矢来町114番地
神楽坂高橋ビル5F
電話　03-5227-1602　FAX 03-5227-1603
URL　http://www.business-sha.co.jp/

〈カバーデザイン〉斉藤よしのぶ
〈本文DTP〉茂呂田剛（エムアンドケイ）
〈印刷・製本〉モリモト印刷株式会社
〈編集担当〉前田和男　斎藤 明（同文社）〈営業担当〉山口健志

© Toru Hasuike 2018 Printed in Japan
乱丁・落丁本はお取り替えいたします。
ISBN978-4-8284-2048-6

日本再生　最終勧告

原発即時ゼロで未来を拓く

加藤　寛……著

定価　本体１５００円＋税
ISBN978-4-8284-1701-1

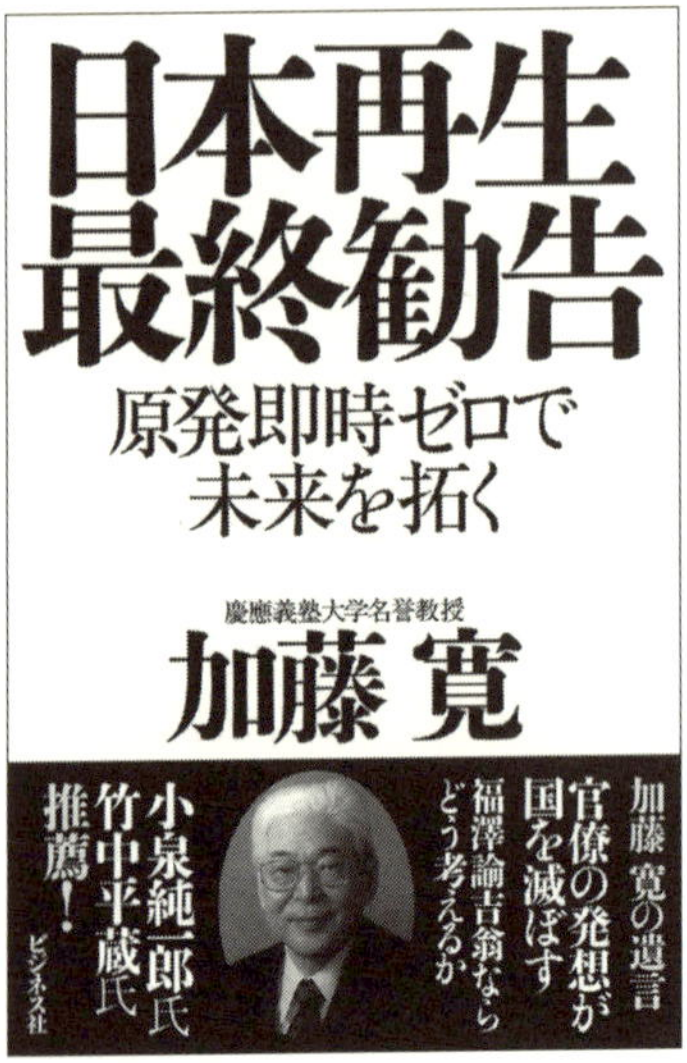

米寿を前にして起きたフクシマ原発事故に、これでは日本は破滅する、このままでは死ぬに死に切れないとの強い想いから、慶応屈指のカトカンゼミで育ち各界で活躍する弟子たちと「緊急ゼミ」を開催してきた。「原発は即時廃止すべき、原発ゼロは国民経済の新たな成長発展につながる」として脱原発と経済発展の両立を訴えた著者の思いと政策が詰まった本当の日本への最後通牒となる書。

本書の内容

第１章　電力政策を考える視座
第２章　福澤山脈が築いた日本の電力体制
第３章　原子力政策と公共選択論
第４章　福澤桃介と松永安佐エ門から何を学ぶか
第５章　自律分散型電源社会を目指して
対　談　加藤寛ＶＳ吉原毅
対　談　加藤寛ＶＳ江崎浩
特別寄稿　曽根泰教

ビジネス社の本

抹殺知事が最後の告発で明かす
日本劣化の正体

佐藤栄佐久……著

定価　本体1700円＋税
ISBN978-4-8284-1807-0

日本は原子力帝国だった！　原子力ムラとの18年間にわたる戦いの末、贈収賄事件をでっち上げられて政治生命を絶たれた佐藤栄佐久元福島県知事。その彼が福島第一原発事故のおそるべき真相をいま明らかにする！

国の根幹であるエネルギー政策をめぐって昏迷するいま、佐藤元知事の告発は必見・必読である。

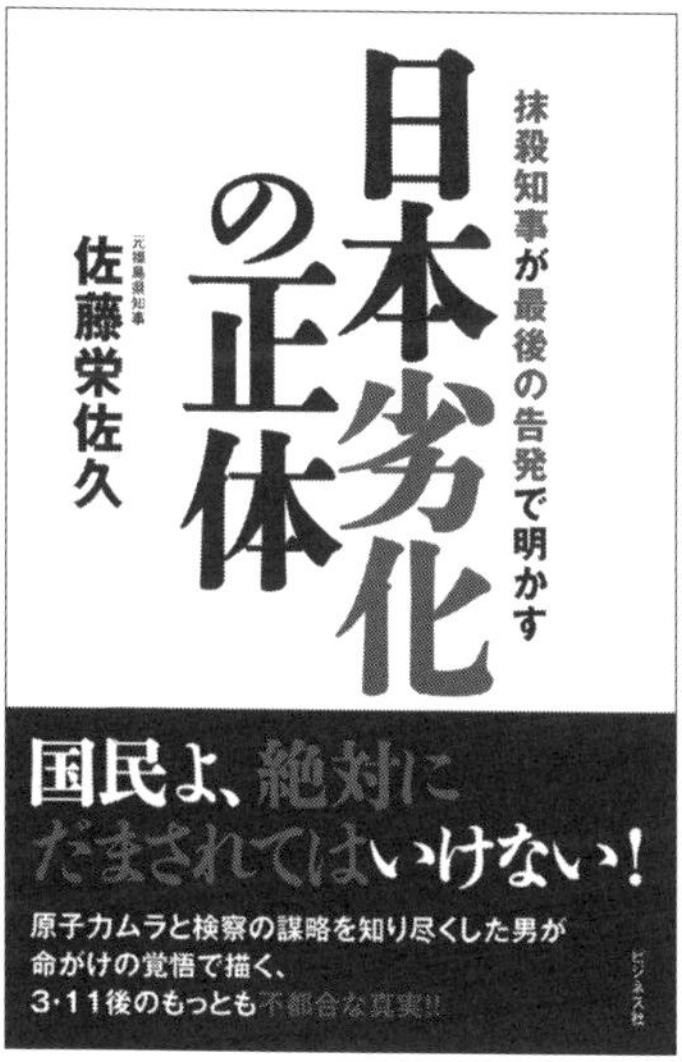

本書の内容

ビジネス社の本

南相馬少年野球団

フクシマ3・11から2年間の記録

岡　邦行……著

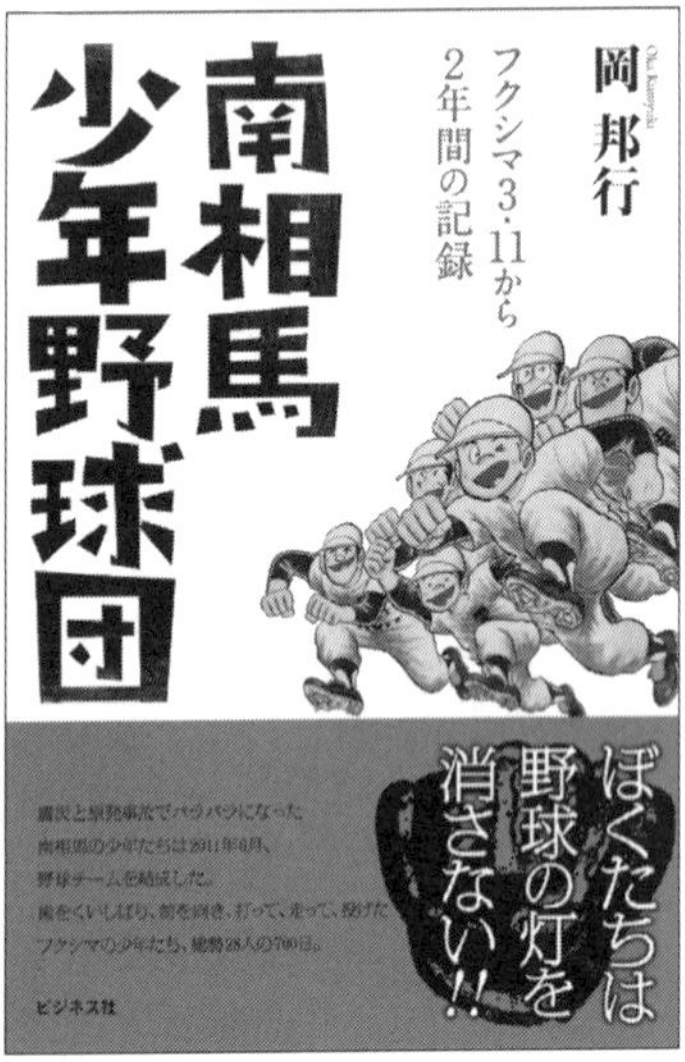

定価　本体1500円＋税
ISBN978-4-8284-1713-4

ぼくたちは野球の灯を消さない!!　震災と原発事故でバラバラになった南相馬の少年たちは2011年6月、野球チームを結成した。歯をくいしばり、前を向き、打って、走って、投げたフクシマの少年たち、総勢28人の700日。

本書の内容

序　章　3・11が奪った野球少年の命
第1章　南相馬少年野球団の決意
第2章　放射能と戦う保護者たちの苦悩
第3章　「原発の町」の少年野球の現実
第4章　消える原発禍における高校野球
第5章　南相馬少年野球団の700日
終　章　野球少年はホームを目指す

ビジネス社の本

ヒロシマからフクシマへ 原発をめぐる不思議な旅

烏賀陽弘道……著

定価　本体1600円＋税
ISBN978-4-8284-1714-1

兵器としてアメリカで生まれ、ヒロシマに落とされた「核」。その双子の兄弟「原発」は、なぜ日本へやってきたのか？　福島第一原発の故郷を訪ねる渾身の取材による旅の記録です。著者による貴重な写真も多数掲載。

本書の内容

1　旅立つ前
2　日本に原発をもたらした父
3　核技術が生まれた砂漠
4　イタリアから来た男
5　初めての日本人留学生
6　濃縮ウラン工場の街で
7　原発のふるさとアイダホ
8　核エネルギーを潜水艦エンジンにした男
9　そして日本へ　フクシマへ
10　旅を終えて

ビジネス社の本

原発事故　未完の収支報告書

フクシマ2046

烏賀陽弘道……著

定価　本体1200円＋税
ISBN978-4-8284-1779-0

スリーマイル島の現地取材から、フクシマの現実と30年後の未来を予測するドキュメンタリー。スリーマイル島原発事故は35年前。健康被害調査、民事訴訟すべて結果が出ている。その幾多の訴訟で原告は勝訴したのか？　どれほどの補償をうけられたのか？スリーマイル～フクシマの取材を経て筆者が辿り着いた真実とは、その先に見える「フクシマの未来」とは。

本書の内容

第1章　スリーマイル島への旅
第2章　35年後、健康被害はどうなるのか
第3章　訴訟は立ち消えに　住民は勝てない
第4章　避難と報道の失敗　そして市民
第5章　スリーマイル島原発事故からの教訓